Homöopathie neu gedacht

T0175273

Natalie Grams Die Ärztin Dr. med. Natalie Grams, Jahrgang 1978, führte eine erfolgreiche homöopathische Privatpraxis in Heidelberg. Im Laufe ihrer Tätigkeit kamen ihr als Naturwissenschaftlerin jedoch Zweifel darüber, wie die Homöopathie auch heute noch guten Gewissens angewendet werden kann. Ihr Medizinstudium hat Grams in München begonnen und in Heidelberg beendet, wo sie seither mit ihrer Familie lebt.
Foto: Gudrun-Holde Ortner

Natalie Grams

Homöopathie neu gedacht

Was Patienten wirklich hilft

2. Auflage

 Springer

Natalie Grams
Heidelberg
Deutschland

ISBN 978-3-662-55548-4   ISBN 978-3-662-55549-1 (eBook)
https://doi.org/10.1007/978-3-662-55549-1

Die Deutsche Nationalbibliothek verzeichnet diese Publikation in der Deutschen Nationalbibliografie; detaillierte bibliografische Daten sind im Internet über http://dnb.d-nb.de abrufbar.

Planung: Frank Wigger
Titelbild: © fotolia.de, Gina Sanders

Gedruckt auf säurefreiem und chlorfrei gebleichtem Papier

Springer ist Teil von Springer Nature
Die eingetragene Gesellschaft ist Springer-Verlag GmbH Deutschland
Die Anschrift der Gesellschaft ist: Heidelberger Platz 3, 14197 Berlin, Germany

Das höchste Ideal der Heilung ist schnelle, sanfte, dauerhafte Wiederherstellung der Gesundheit, oder Hebung und Vernichtung der Krankheit in ihrem ganzen Umfange auf dem kürzesten, zuverlässigsten, unnachtheiligsten Wege, nach deutlich einzusehenden Gründen.

Hahnemann, *Organon der Heilkunst,*
Paragraph 2

Die gemeinsten Meinungen und was jeder für ausgemacht hält, verdient oft am meisten untersucht zu werden.

Georg Christoph Lichtenberg

Vorwort zur 2. Auflage

Über zwei Jahre sind nun seit dem Erscheinen der Erstauflage meines Buches vergangen – und das war unzweifelhaft eine bewegte Zeit! Denn obwohl leider die ursprüngliche und ehrlich gemeinte Absicht, eine Brücke zwischen der Homöopathie und ihren Kritikern zu bauen, gründlich verfehlt wurde, so hat das Buch doch große Wellen geschlagen: Unzählige Presseberichte, Interviews, TV-Auftritte, Diskussionen und intensive Gespräche haben sich aus meinen Thesen ergeben und so hat mich die Homöopathie – trotz meiner Abkehr – weiter beschäftigt. Zusammen mit vielen anderen Kritikern der Homöopathie, allen voran Dr. Norbert Aust und die GWUP (Gesellschaft zur wissenschaftlichen Untersuchung von Parawissenschaften), habe ich deshalb auch das Informationsnetzwerk Homöopathie gegründet, das sich aktiv für Aufklärung über Homöopathie einsetzt und breite Beachtung gefunden hat.

All dies hat mich jedoch noch weiter von der Homöopathie weggeführt als je gedacht. Seit Langem schon kann ich nicht mehr an einen versöhnlichen Brückenschlag glauben, zu unvereinbar sind die beiden Lager positioniert. Homöopathen wollen nicht abrücken von der Homöopathie als Arzneitherapie, obwohl genügend Belege dagegen sprechen. Und Kritiker wollen berechtigterweise die Homöopathie als Arzneitherapie nicht länger innerhalb der Medizin tolerieren. Wenn sie denn so wirksam wäre wie behauptet, so ließe sich dieses mit den Methoden der modernen Medizin leicht nachweisen. Und wenn Homöopathie ein Teil der Medizin sein will, so muss sie sich wohl an deren Methoden halten, die ja nicht willkürlich sind, sondern auf den weltweit etablierten anerkannten Grundsätzen (natur-)wissenschaftlicher Forschung beruhen.

Ich musste leider feststellen, dass es hierzu weder Einsicht noch Entgegenkommen von Seiten der Homöopathen gibt. Im Gegenteil – sie wehren sich dagegen geradezu mit Händen und Füßen und leider teils auch mit unlauteren Mitteln. Denke ich an den ursprünglichen Dialogansatz meines Buches zurück, macht mich das traurig. Nichtsdestoweniger freue ich mich, dass mein Buch in der zweiten Auflage erscheint und weiter dazu beitragen darf, Menschen über die Homöopathie aufzuklären. Nicht alle vor zwei Jahren geschriebenen Punkte sehe ich heute noch genauso wie damals. Dennoch habe ich nur wenige Veränderungen eingefügt, denn ich denke, dass dieses Buch ein Zeitzeugnis und ein Dokument meines persönlichen Entwicklungs- und Ablöseprozesses ist. Das soll es auch bleiben. Auf einige wiederkehrende Kritikpunkte möchte ich jedoch an dieser Stelle eingehen:

Positive Studien

Mir ist vorgeworfen worden, dass ich im Buch davon spreche, es gäbe *keine* Studien, die zeigen würden, dass Homöopathie über Placeboniveau wirkt. Das ist in der Tat im Wortsinne so nicht korrekt. Sagen wir besser, es gibt *keine guten* Studien, die solche Ergebnisse zeigen. In 200 Jahren Homöopathiegeschichte sind ungefähr 400 klinische Studien gemacht worden. Schon allein aus statistischen Gründen findet sich darunter natürlich auch immer einmal eine Studie, die der Homöopathie ein positives Ergebnis bescheinigt (die medizinwissenschaftliche Statistik geht immerhin von 5 Prozent „falsch positiven" Ergebnissen aus, das wären rein zahlenmäßig schon 20 der 400 Studien). Entscheidend ist aber etwas anderes. Es zeigt sich durchgängig, dass methodisch schwache Studien eher ein positives Ergebnis erbringen als methodisch hochwertige. Anders herum: Mit der methodischen Qualität der Studien „schwindet" der scheinbare Vorteil der Homöopathie. Für eine verlässliche Beurteilung der Wirksamkeit einer Therapie ist es nicht statthaft, nur einzelne Studien herauszugreifen. Am besten geeignet sind sogenannte Überblicksstudien (systematische Reviews). Solche Zusammenfassungen aller methodisch akzeptablen Studien kommen in aller Regel zu dem Ergebnis, dass die Wirksamkeit der Homöopathie nicht über Placeboniveau liegt – was ja bei fehlendem Wirkstoff nicht erstaunt.

Gerne führen Homöopathen statt klinischer (Vergleichs-) Studien Meinungsumfragen und Versorgungserhebungen an – beides ist zur Beurteilung von Wirkungen weder üblich noch sinnvoll. Die derzeitige Studienlage belegt also keineswegs die Wirksamkeit der Homöopathie. Insofern mag die verkürzte ursprüngliche Darstellung im Wortsinne nicht zutreffend gewesen sein, ändert aber an der Kernaussage nichts. Heute würde ich sogar so weit gehen zu sagen, dass wir keine weiteren Studien brauchen. Die, die gemacht wurden, reichen zur Beurteilung aus und der unplausible Wirkmechanismus lässt auch in Zukunft keine anderen Ergebnisse erwarten.

Medizin und Naturwissenschaft

Mancher Leser mag in meinem Buch eine allzu starke Akzentuierung des Menschen als Gegenstand reiner Naturwissenschaft im Verhältnis zu seiner Bedeutung als „weichem Forschungsgegenstand" von Psychologie und Sozialwissenschaften empfunden haben. Ich möchte hier betonen, dass dies keineswegs meine Absicht war. Die Fachgebiete der sogenannten Humanwissenschaften gehören zum Gesamtbild verantwortlicher Medizin, nicht jedoch Übernatürliches und bloße Erfahrung im Sinne eines Aufhäufens von Einzelbeobachtungen. Die Erfahrungsheilkunde ist heute durch evidenzbasierte Forschung abgelöst worden, in der die Medizin die aktuell besten Instrumentarien zur objektiven Beurteilung von Wirksamkeit zusammenfasst. Damit lassen sich auch traditionelle Verfahren und Mittel untersuchen, was ständig geschieht. Auch bei der Homöopathie, wohl mehr als bei jeder anderen „traditionellen Methode" – und das Ergebnis ist eben, dass sie nicht besser als jede andere Scheintherapie „wirkt".

Wir dürfen nicht vergessen, dass Hahnemann selbst die Homöopathie durch „Beobachtung der Natur" erfand – er hatte zu seiner Zeit nur noch nicht die richtigen Instrumentarien, um Veränderungen unter homöopathischer Therapie richtig zu deuten. In keinem Fall können seine und unser aller Beobachtungen gesicherten Naturgesetzen widersprechen.

Was wirkt an der Homöopathie

Ich habe – durchaus noch unter dem Eindruck meiner persönlichen Erfahrungen als homöopathische Therapeutin – sehr stark betont, was an der homöopathischen Methode Patienten „gefällt" und was ihnen helfen kann. Dabei sind andere Kontextfaktoren, die zu einer positiven Wahrnehmung der Methode beitragen, vielleicht ein wenig zu kurz gekommen. Der Placebo-Effekt beispielsweise hat einen großen Einfluss und er hat nichts mit dem persönlichen Glauben zu tun. Er kommt bei allen Menschen vor, niemand kann ihn – beispielsweise durch eine skeptische oder ablehnende Grundhaltung – völlig abwehren. Auch bei Tieren und Neugeborenen ist der Placebo-Effekt nachweisbar. Er ist eine komplexe psychosoziale Reaktion einfach auf den Umstand, dass Zuwendung stattfindet und Zuversicht vermittelt wird.

Wir vermuten zudem sehr schnell Kausalzusammenhänge, wo tatsächlich keine vorliegen. Die Homöopathie profitiert davon: Der „Danach, aber nicht deswegen"-Fehlschluss führt häufig dazu, dass eine Besserung nach der Einnahme von Globuli als Ursache-Wirkungs-Beziehung fehlgedeutet wird. Dies wird dadurch verstärkt, dass wir Menschen dazu neigen, die Fakten, die uns nicht zusagen, zu ignorieren und diejenigen, die in unser „Konzept" passen, überzubewerten. Für die Homöopathie heißt das: Jede Besserung nach Homöopathie

„beweist" die Wirkung der Homöopathie. Jeder Fehlschlag nach Homöopathie wird dagegen vergessen – und schon verfestigt sich die persönliche Ansicht und ist praktisch nicht mehr zu widerlegen.

Doch das Profanste, zugleich das Wichtigste ist: Viele, wohl die meisten Krankheiten heilen nach einiger Zeit spontan aus und extreme Zustände erhält der Körper nicht lange aufrecht (Regression zur Mitte). Gern wird behauptet „Wer heilt, hat recht". Was aber nur zutrifft, wenn der tatsächliche Nachweis eines Zusammenhangs zwischen Heilmethode und Heilung erbracht werden kann. Krankheiten unterliegen einem schwankenden, natürlichen Krankheitsverlauf – es gibt ein Auf und Ab. Medikamente nimmt man immer dann, wenn es einem schlecht (schlechter) geht. Dass nach der schlechten Phase wieder eine gute Phase kommt, muss durchaus nicht auf eine Behandlung zurückzuführen sein. Es kann sich auch um den vollkommen natürlichen Spontanverlauf handeln, bei chronischen Krankheiten auch um die dabei stets auftretenden Intervalle (Schübe). Das ist sogar hoch wahrscheinlich und darf nicht der Homöopathie zugeschrieben werden.

Geist/Sankaran

In meinem Buch hänge ich – das wurde mir erst im Nachhinein klar – noch sehr an Sankaran und seinen Ideen zur Homöopathie und seiner vermeintlich „ganzheitlichen Sicht", die Körper, Emotionen und Geist einbezieht und die vor allem mit der Empfindung des Patienten arbeitet. Ich musste jedoch einsehen, dass die sogenannte „Ganzheitlichkeit" in diesem Kontext nichts anderes bedeutet, als dass hinter jeder körperlichen Krankheit eine geistig-seelische Ursache vermutet wird – ob es nun sinnvoll ist oder nicht. Bei allem und jedem spricht man dort von „Blockaden" im Denken und/oder Fühlen bzw. Empfinden, die die Ursache für alles negativ Erlebte seien und die es zu lösen gelte. Dies führt aber keineswegs zu der Konsequenz, dass man sich auch konkret um die psychischen Befindlichkeiten des Patienten kümmert, wodurch er sich aufgehoben und ernstgenommen fühlt und wodurch der Placebo-Effekt optimal greift. Vielmehr ist dieses Denken nur Ausdruck einer Ideologie, die – im Sinne einer „einfachen Lösung" – postuliert, dass Krankheiten eine völlig andere Ursache hätten als diejenigen, die die moderne Ätiologie wissenschaftlich belegt hat. Hier wird eine schlichte monokausale Erklärung für das komplexe Gebiet der Krankheitsentstehung angeboten, die das Gegenteil einer „ganzheitlichen" Vorgehensweise ist. Heute sehe ich, dass hier viel Schindluder getrieben wird mit falschen Assoziationen und schlicht erfundenen Krankheitsursachen. Ich habe von diesem Denken also mehr und mehr Abstand genommen, wobei ich weiterhin die „richtige" Psychosomatik als Teilgebiet der wissenschaftlichen Medizin für ein Fachgebiet der Zukunft halte.

Wikipedia-Links

Häufig bin ich dafür kritisiert worden, dass ich auch Verweise auf die Wikipedia genutzt habe. Auch in dieser Auflage bin ich dabei geblieben. Warum? Es lag und liegt mir daran, das Buch auch für Interessierte lesbar und recherchierbar zu machen, die weder die Möglichkeit noch die Zeit haben, sich für jeden Begriff und jede Erläuterung mit der Primär- und Sekundärliteratur zu befassen. Die Wikipedia-Verweise dienen nur der schnellen Information zu Begrifflichkeiten, die dem ein oder anderen Leser nicht so geläufig sein dürften. Als Belegquellen im engeren wissenschaftlichen Sinne sind sie nicht gemeint. Zusammen mit dem Springer-Verlag (der üblicherweise in seinen Fachpublikationen natürlich Wert auf wissenschaftliche Quellenangaben legt) stehe ich zu der Idee, hier eine niedrige Eintrittsschwelle zu mehr Literatur anzubieten.

Homöopathie und Arztsein

Manche Kritiker meinten darüber hinaus, es müsste noch deutlicher betont werden, dass „Homöopath" nicht automatisch „Arzt" bedeutet und dass hier die eigentlichen Gefahren liegen. Sicher liegt die Gefahr der Homöopathie primär in ihrer Unwirksamkeit als Arzneitherapie. Aber gerade das, und da gebe ich der Kritik natürlich recht, macht die Sache dann verhängnisvoll, wenn die Notwendigkeit einer ärztlichen Untersuchung und Behandlung „ausgeblendet" wird. Tatsächlich behandeln sich viele Laien selbst homöopathisch und fühlen sich darin kompetent. Auch im Heilpraktikerbereich mag es hier zu schweren Fehlbeurteilungen kommen. Die Vernachlässigung der ärztlichen Kompetenz folgt in beiden Fällen meist einem fatalen Mechanismus: Der Glaube an die Homöopathie entsteht bei der „Behandlung" von Bagatellerkrankungen, also solchen, die von alleine ausheilen. Danach „schwört" man auch bei schwereren Diagnosen darauf, nach dem Prinzip der „positiven Verstärkung" einmal gefasster Überzeugungen. Schnell ist man bei einer Selbstschädigung oder gar unterlassener Hilfeleistung, wenn eine notwendige und wirksame Behandlung unterbleibt oder verzögert wird. Hier sehe ich heute auch das größte Gefahrenpotential der 200 Jahre alten Heilmethode. Sie mag damals, als Hahnemann sie erfand, eine gute Alternative zur brachialen „Medizin" gewesen sein – heute hat sich die Medizin längst eine verlässliche Grundlage geschaffen, die die Homöopathie nicht mehr in der Rolle einer Alternative braucht.

Den weiteren Text habe ich bis auf kleinere Korrekturen belassen und wünsche Ihnen nun viel Freude und Gewinn beim Lesen.

Heidelberg, Juni 2017   Natalie Grams

www.netzwerk-homoeopathie.eu
www.homöopedia.eu

Vorwort zur 1. Auflage

Als ich mit der Arbeit an diesem Buch begann, wollte ich ein flammendes Plädoyer für die Homöopathie schreiben. Ich wollte als überzeugte Homöopathin allen Zweiflern aufzeigen, was die Homöopathie möchte und kann. Nun halten Sie ein Buch in Händen, das sich sehr kritisch mit der Homöopathie auseinandersetzt. Vor einiger Zeit war ich mir noch sicher, dass in den homöopathischen Arzneimitteln eine besondere Energie enthalten wäre, die den Körper zur Selbstheilung anregen kann. Inzwischen zweifle ich nicht nur daran, sondern bin davon überzeugt (worden), dass dieser Teil der Homöopathie nicht stimmt. Der Kritik mancher Skeptiker, die mir kürzlich noch wie ein Affront oder ein böser Scherz vorkam, muss ich nun in vieler Hinsicht zustimmen. Was ist geschehen?

Ich beschäftigte mich mit den Grundlagen der Homöopathie und führte mir vor Augen, in welcher Zeit sie von

Hahnemann erdacht wurde und wie sich Medizin und Wissenschaft seither weiterentwickelt haben. Das veränderte meinen Blickwinkel entscheidend.

Dieses Buch richtet sich an Homöopathen und Patienten, die (wie ich) an der Homöopathie hängen und sich dennoch nicht scheuen, sich mit skeptischen und kritischen Gedanken auseinanderzusetzen. (Wo immer ich in diesem Buch von Patienten, Ärzten, Homöopathen, Heilpraktikern oder Therapeuten spreche, sind damit selbstverständlich immer auch Patientinnen, Ärztinnen, Homöopathinnen, Heilpraktikerinnen und Therapeutinnen gemeint.)

Fühlen Sie sich eingeladen, diesen Weg kritischen Prüfens und Abwägens mit mir gemeinsam zu gehen. Die Auseinandersetzung wird nicht leicht werden und für Sie wie für mich viele Abschiede bedeuten. Aber sie wird uns klare Entscheidungen darüber ermöglichen, was wir auch in der heutigen Zeit noch guten Gewissens von der Homöopathie gebrauchen können.

Wir alle hängen an lieb gewordenen Vorstellungen und Gewohnheiten. Dabei zählen nicht unbedingt Fakten; ausschlaggebend ist vielmehr ein gutes Gefühl. Ich unternehme in diesem Buch den Versuch, beides einmal näher zu betrachten: die Fakten der Homöopathie und das, was sich irgendwie gut anfühlt an ihr, um dann zu entscheiden, wie wir fortan damit umgehen können.

Heidelberg, im Oktober 2014   Natalie Grams

Inhalt

1

Wie und auf welcher Grundlage behandelt die Homöopathie?

Ja, ich habe unter homöopathischer Therapie schwere Angstzustände und Depressionen verschwinden, bösartige Krebsgeschwüre zurückgehen und akute eitrige Mandelentzündungen heilen sehen.

Und ja, mir ist vollkommen bewusst, dass in den homöopathischen Arzneimitteln (Globuli) nichts enthalten ist, das man für diese Wirkung verantwortlich machen kann – lässt man nicht alle gängigen Gesetze der Naturwissenschaft außer Acht.

Ich bin Ärztin, habe also Medizin studiert. Und ich war lange Zeit überzeugte Homöopathin. Allerdings bin ich als Ärztin Naturwissenschaftlerin. Und so konnte ich mit einer Homöopathie, deren Grundsätze sich zwar irgendwie gut *anfühlen,* deren Prinzipien jedoch wissenschaftlichem Denken teilweise komplett widersprechen, nicht länger gut leben. Auch meinen Patienten gegenüber hielt ich das für kaum verantwortbar. Mir fehlten schlüssige Erklärungen über den Wirkmechanismus und Wirksamkeitsnachweise der Homöopathie. Diese Lücke möchte ich mit diesem Buch genauer ausloten und zu einem neuen Dialog anregen.

© Springer-Verlag GmbH Deutschland 2018
N. Grams, *Homöopathie neu gedacht,*
https://doi.org/10.1007/978-3-662-55549-1_1

Ich habe dieses Buch als eine Art Denkschrift verfasst, um deutlich zu machen, dass es sich bei einigen Punkten um meine Gedanken und Schlüsse handelt, die noch zu diskutieren sind. Es handelt sich also nicht um eine rein wissenschaftliche Abhandlung, auch wenn die Wissenschaft wesentlich häufiger zu Wort kommen wird, als das in der Homöopathie bisher geschehen ist. Der Weg war schwierig, denn er bedeutete für mich die Auseinandersetzung mit meiner eigenen beruflichen, aber auch weltanschaulichen Basis, und vielleicht wird es Ihnen beim Lesen ähnlich gehen.

Ausgangslage ist: Täglich kommen Patienten zu mir in die Praxis und berichten gerührt und erleichtert, dass sich ihre Beschwerden seit Beginn der Behandlung gebessert haben. Und es handelt sich dabei nicht immer bloß um einen kleinen Schnupfen. Nein, ich behandle Patienten mit schweren Suchtproblemen, Angst- und Depressionszuständen, die teilweise seit Wochen nicht mehr am normalen Leben teilnehmen. Ich behandle Patienten, die sich seit Jahren in anderer Therapie befinden – sei es psychologischer, sei es klassisch medizinischer Behandlung: Patienten mit Krebs und anderen als chronisch geltenden Krankheiten wie zum Beispiel Asthma, Neurodermitis, chronisch entzündlichen Darmerkrankungen, Allergien, Schlafstörungen, Schmerzen et cetera. Wie kann es sein, dass ihnen eine Methode hilft, die nachweislich „Nichts" verschreibt? Diese Frage hat mich in meinem beruflichen Alltag beschäftigt, ja regelrecht gequält, und ich habe versucht, ihr als naturwissenschaftlich ausgebildete Ärztin und offener Mensch nachzugehen. Es war ein großer Schritt für mich als bekennende Homöopathin, zunächst einmal einzusehen, dass es trotz der genannten Erfolge und der großen Nachfrage kaum vernünftige Argumente *für* die Homöopathie zu geben scheint.

Fakt ist: Die Befürworter der Methode glauben wider alle vernünftigen Argumente an die Wirkung der weißen Kügelchen voll Nichts und sehen sich allein durch ihre Behandlungserfolge ausreichend bestätigt. Nachfragen, wie sich denn die Wirkung erklärt, weichen sie entweder aus oder sie stellen bei ihrer Argumentation sämtliche Prinzipien der Logik und der Wissenschaft auf den Kopf. Vielleicht ist der Widerstand der Homöopathen gegen einen wissenschaftlichen Nachweis der Wirksamkeit deshalb so groß, weil sie ganz einfach festzustellen meinen: Die Homöopathie wirkt. Die Kritiker und Gegner der Homöopathie hingegen halten diese angegebenen Behandlungserfolge für einen (Irr-)Glauben, für etwas, dem kein Ursache-Wirkungs-Prinzip zugrunde liegt und das sich allenfalls durch den guten alten Placebo-Effekt erklären lässt. Daran haben manche auch gar nicht unbedingt etwas auszusetzen, solange es nicht verhindert, dass die richtigen medizinischen Maßnahmen ergriffen werden, wenn Gefahr im Verzug ist. Sie fordern die Homöopathen auf, endlich einen sicheren Nachweis dieser anekdotenhaften Wirksamkeit zu liefern und die Wirkweise zu erklären.

Fakt ist aber auch, dass sich viele Patienten einer homöopathischen Behandlung zuwenden und versichern, diese helfe ihnen. Ich kann jedoch genauso bestätigen, dass es eine ganze Reihe von Fällen gibt, in denen die homöopathische Behandlung rein gar nichts bewirkt hat. Dass sie sogar einen Placebo-Effekt schuldig geblieben ist. Einer meiner Lehrer der Homöopathie, der sehr berühmt für seine Behandlungserfolge ist, sagte einmal in einem Seminar: „Wenn die Wirkung der Homöopathie allein auf dem Placebo-Effekt beruhen würde, dann müsste meine Erfolgsquote 100 % sein – denn die Patienten reisen mit großen Erwartungen, letzten Hoffnungen und großem Leidensdruck von weit her zu mir, warten lange auf einen Termin, und dann widme ich mich ihnen mit all meiner Zeit und meinem Können in exklusiven, intensiven Stunden. Doch ich erreiche lediglich 50 % – es muss also an etwas anderem liegen."

Die Frage, *woran* es liegen könnte und wie er sich die Wirkung sonst erklärt, beantwortete er leider nicht (mal abgesehen von dem Denkfehler, dass ein Placebo-Effekt in 100 % der behandelten Fälle zur Heilung führen müsse). Für mich blieb das unbefriedigend, und ich fragte mich: Wenn klar ist, dass kein Wirkstoff und vor allem keine „Energie" in den homöopathischen Medikamenten enthalten sind, denen man eine Wirkung zuschreiben kann, warum profitieren so viele Menschen trotzdem von einer Behandlung mit einer solchen (unsinnigen) Methode? Was ist dran an Hahnemanns Theorien, dass sie sich bis heute so hartnäckig und wider alle Vernunft halten? Zu welcher Zeit entwickelte er die Homöopathie, und wie hat sich die Medizin seither weiterentwickelt? Welche Teile seines Gedankengebäudes sind im 21. Jahrhundert noch haltbar? Warum wenden sich Patienten nach wie vor in so großer Zahl der Homöopathie zu? Wo ist die Homöopathie angreifbar, und wo können wir etwas von ihr lernen? Wo ist die Homöopathie tatsächlich Unsinn? Und wo ist unsere normale Medizin ein Unsinn anderer Art?

Laut dem Nobelpreisträger Daniel Kahneman gibt es zwei Arten des Denkens: das intuitive, automatische, schnelle Denken und das bewusste, rationale, logische, mühsame und langsame Denken (Kahneman 2012). Intuitiv und schnell gedacht finden viele Menschen die Homöopathie einfach gut. Doch was sind die konkreten Punkte, die zu diesem guten Gefühl führen? Und wie können wir mit dem viel langsameren wissenschaftlichen Denken ein solches Gefühl in Zahlen, Daten und Fakten fassen, so dass beidem Genüge getan wird – dem guten Gefühl so vieler Patienten, die sich der Homöopathie zuwenden, und auch der Wissenschaft, welche die Basis unserer heutigen modernen Medizin ist?

An den Anfang sei ein Beispiel für den Verlauf einer homöopathischen Behandlung gestellt: Frau M. berichtet mir seit einer halben Stunde von ihren anhaltenden Rückenschmerzen. Ich beschränke mich auf das Zuhören, mache mir Notizen, beobachte die Patientin. Stockt sie, ermuntere ich sie durch ein einfaches „Erzählen Sie mehr". Mir fällt nach einiger Zeit des Zuhörens und Beobachtens auf, dass sich bestimmte Themen wiederholen. Sie berichtet mehrmals von einem Gefühl des Zusammengeschnürtseins und der Starre im Rücken, wenn es sehr schmerzt. Sie fühle sich gefangen oder gepackt, am schlimmsten sei es in Ruhe, nachts, oder wenn sie sich nicht bewegen könne. Im weiteren Verlauf berichtet sie, sie habe sich in ihrer als schmerzlich empfundenen Ehe wie gefangen gefühlt, es habe sie viel Zeit gekostet, sich daraus zu befreien. Irgendwie bringe sie die Schmerzen auch damit in Verbindung. Ja, jetzt, wo sie darüber nachdenke, sei ihr ganzes Leben bestimmt von einem bisher unbewussten Gefühl des *Eingezwängt- und Beengtseins*, des *Sich-nicht-bewegen-Könnens*. Besser gegangen sei es ihr immer dann, wenn sie habe nach draußen gehen und sich an der frischen Luft bewegen können. Das helfe gegen schlechte Gemütszustände ebenso wie gegen die Rückenschmerzen. Jetzt gerade in diesem Moment habe sie das Gefühl, die Schmerzen ließen nach, da sie das erkannt habe, dass es irgendwie immer um diese Themen gegangen sei in ihrem Leben. Das stresse sie eigentlich die ganze Zeit. Auch in ihrer Kindheit sei sie ein Wildfang gewesen, der sich gerne und viel bewegte. Da sie dies nun nicht mehr könne, fühle sie sich eingeschränkt und mutlos – und ganz erstarrt.

An diesem Punkt ist etwa eine Stunde vergangen, und ich habe weder Befunde erhoben noch Untersuchungen durchgeführt. Dies hatten ja bereits die Orthopädie-Kollegen übernommen, leider ohne eine klare Ursache der Beschwerden finden zu können. Als Homöopathin versuche ich nur in den geäußerten Beschwerden eine Art individuelle Leitidee, ein individuelles Grundthema, einen roten Faden oder besonders ungewöhnliche Äußerungen zu finden und das Symptom in einen individuellen Zusammenhang mit dem jeweiligen Patienten zu bringen.

Hier muss ich betonen, dass ich klassische Homöopathin bin. In der klassischen Homöopathie, die auf den deutschen Arzt Dr. Samuel Hahnemann zurückgeht, geht es darum, *eine* Ursache für die komplette Symptomatik des jeweiligen Patienten zu finden – und für diese möglichst *ein* Medikament nach den Kriterien der homöopathischen Methode zu verordnen. Dabei geht es weniger um allgemeine Symptome, sondern vielmehr um auffällige Besonderheiten, die eben die Symptome des einen Patienten (Rückenschmerz) von denen des nächsten Patienten unterscheiden.

Im Fall von Frau M. scheint es mir auffällig zu sein, dass sie vom Symptom Rückenschmerz („steif, zusammenge-schnürt, schlechter am Anfang einer Bewegung, dann bes-ser, schlechter in Ruhe, Wärme bessert") zu einem für sie anscheinend allgemeingültigen Themenbereich kommt: „starr, steif, gepackt, eingezwängt, beengt, schmerzhaft" und im Kontrast dazu „frei, bewegt, schmerzlos". Dieses Herausarbeiten bedarf einer geschulten homöopathischen Anamnesetechnik, auf die ich in späteren Kapiteln näher eingehe.

Ich verschreibe ein homöopathisches Medikament aus der Familie der Anacardiaceae (Rhus toxicodendron, Gift-sumach), das nach den Denkmodellen dieser Methode pas-send ist (Sankaran 2003, 2005). Ich gebe es Frau M. direkt in einer Hochpotenz (C200) als Globuli und gebe ihr wei-tere Globuli für zu Hause mit.

Vier Wochen später sehe ich Frau M. wieder und fra-ge nach dem Verlauf. Sie berichtet, sie habe sich gleich nach dem letzten Gespräch wesentlich besser gefühlt, die Schmerzen seien akzeptabel gewesen, vor einer Woche seien sie wieder stärker geworden, und sie habe dann die Globuli, die ich ihr mitgegeben hatte, eingenommen. Daraufhin sei wieder eine Besserung eingetreten. Sie sei mit der Behand-lung sehr zufrieden, da sie sich auch insgesamt befreiter, lebendiger und kraftvoller fühle. Die Schmerzen spielten kaum mehr eine Rolle in ihrem Leben, und sie habe begon-nen, sich mehr gegen die als Einschränkung empfundenen Umstände ihres Lebens zu wehren. Dies empfinde sie als den eigentlichen Gewinn der Therapie, weil dadurch der Stress in ihrem Leben insgesamt geringer geworden sei und sie sich neuen Dingen zuwenden könne.

Was ist geschehen? Als Homöopathin würde ich sagen, ich habe erfolgreich ein homöopathisches Medikament verschrieben, und damit sei das Problem gelöst. Aber stimmt das? Wie soll eine Pflanze der Anacardiaceae-Familie mit dieser Veränderung zusammenhängen, und wie soll hier eine Heilung geschehen sein? Medizinisch oder auch phytotherapeutisch ist der Giftsumach nicht als Schmerzmedikament bekannt. Im biologischen Lehrbuch wird allenfalls beschrieben, dass diese Pflanzen bekannt dafür sind, dass sich die Haut nach dem Berühren steif, enger und schmerzhaft anfühlen kann. Sie verursachen also eine lokale Empfindung. Aber wie soll sich das meiner Patientin vermittelt haben, zumal doch von der Ursprungspflanze nichts mehr in der verschriebenen Potenz enthalten war?

Die gängige Erklärung der Homöopathie dafür besagt vereinfacht, dass alles mit allem „geistartig verbunden" sei, und auf diese Weise übertrage sich per „Energie" die nötige Heilinformation bzw. Empfindung vom Giftsumach auf Frau M. Die Heilinformation sei bei der Arzneimittelherstellung durch die Potenzierung aus dem Giftsumach „herausgeschüttelt" worden und stünde nun zur Heilung zur Verfügung nach dem Prinzip „Ähnliches heilt Ähnliches" (kurz gesagt etwa: „steife Empfindung bei Berühren der Pflanze" und „steifes Gefühl bei Rückenschmerzen"). Bei aller Freude über das Ergebnis – mir ist bewusst, dass meine Methode in vielen Punkten den gültigen physikalischen, chemischen, biologischen und medizinischen Prinzipien widerspricht. Ließe man den Gedanken einer übertragbaren „Energie" so stehen, würden Grundsätze der Vernunft und Wissenschaft verletzt. Und es bliebe immer noch ungeklärt, wie auf diese Weise eine Heilung geschehen sein soll.

Was also ist geschehen? Frau M. bekam zunächst einmal Zeit, sich mir mit ihren ganzen Sorgen und ihrem individuellen Empfinden zu öffnen. Ich habe mir die Zeit genommen, sie ausreden zu lassen, bis wir auf ein für sie selbst als stimmig und sinnvoll wirkendes Prinzip kamen: „Immer fühle ich mich so steif und eingesperrt und möchte doch frei sein und mich bewegen können." Dieser Zusammenhang schien ihr etwas über sich selbst zu erklären, das ihr bis dahin nicht bewusst war. Sie schien dadurch eine unmittelbare Erleichterung zu verspüren. Allem Anschein nach hatten meine Zeit, meine Offenheit und nicht zuletzt mein gezieltes Nachfragen an bestimmten Punkten, entsprechend der homöopathischen Methode, sie emotional erreicht.

Damit war es Frau M. gelungen, etwas über sich selbst herauszufinden. Weit weg von dem reinen Symptom Rückenschmerz gewann sie eine Selbsterkenntnis, die ihre Vorstellungswelt betraf. Diese Selbsterkenntnis erlebte sie als unmittelbare Entspannung auch im körperlichen Bereich. Die Patientin führte die körperliche Besserung automatisch auf die Globuli zurück. Dies schien sich auch bei erneuter Einnahme wiederholen zu lassen. Sie konnte etwas tun und war ihren Schmerzen nicht länger „ausgeliefert". Auch schien die Erkenntnis, die sie im Gespräch mit mir gehabt hatte, sie zu befähigen, eine situationsgerechte Lebensveränderung einzuleiten, wodurch sie ihren Gesamtstresslevel als vermindert empfand.

Während der normalmedizinische Zugang hier wohl die Verschreibung eines Schmerz-Medikamentes gewesen wäre, bemüht sich die Homöopathie um einen weitergreifenden Zugang:

- Zeit für den Patienten
- Offenheit und Verständnis (selbst für Ungewöhnliches und „Eigenheitliches")
- Die Möglichkeit, körperliche, emotionale und geistige Dinge auszudrücken und sie in einen Zusammenhang zu bringen
- Individuelles Herangehen (nicht irgendwelche Schmerzen, sondern *meine* Schmerzen)
- Selbstwahrnehmung und Selbsterkenntnis verbessern und situationsgerechte Lebensveränderungen einleiten
- Medikamente mit einem hohen Placebo-Effekt (der offenbar umso größer ist, je auffälliger die Form und je größer die Anzahl der zu nehmenden Medikamente ist (Buckalew u. Coffield 1982).

Es fragt sich natürlich, ob man für alle diese Faktoren nun gerade die Homöopathie braucht. Tut es nicht ein einfühlsames und ruhiges Gespräch mit einem normalen Arzt auch? Mit etwas gesundem Menschenverstand? Sicher! Nur leider lässt die moderne Medizinstruktur kaum einem Arzt eine solche Möglichkeit. Und gerade viele Männer tun sich sehr schwer, sich wegen vorwiegend körperlicher Symptome zu einem „Psycho-Doc" zu begeben, um dort über größere, individuellere Zusammenhänge zu sprechen. Die Homöopathie ermöglicht also im besten Fall das, wonach sich viele Patienten sehnen: eine individuelle, empathische Beratung mit dem Ziel, den Patienten als ganzen Menschen zu sehen, ohne diesem einen „Psycho-Stempel" aufzudrücken oder ihm ein unnötiges Medikament zu geben, nur um etwas getan zu haben.

Vielleicht war das die große Leistung Hahnemanns, der mit der Homöopathie begann. Denn auch zu seiner Zeit war es durchaus nicht üblich, solcherlei Medizin zu betreiben. Bedenken Sie, dass die ersten Patienten, mit denen Hahnemann seine Theorie bestätigt glaubte, über Wochen bis Monate hinweg täglich lange Gespräche mit ihm führten. Und er ließ die damals üblichen Behandlungsmethoden wie Aderlass weg. Wer weiß, ob nicht das Gespräch und das Vermeiden einer Schwächung ausreichten, um den Patienten gesund zu machen. Eine *„Energie"* in den gegebenen Globuli wäre dann gar nicht nötig – damals wie heute. Somit könnte man sagen, dass die Homöopathie eine Methode ist, mit der man in Ruhe Gespräche führt, die es dem Patienten und seinem Körper ermöglichen, etwas für sich selbst zu tun. Die Globuli sehe ich dabei als Placebos, aber auch als Träger einer individuellen Autosuggestion, die ich ausführlich erklären werde.

Wie tut die Homöopathie das nun aber genau? Gibt es Unterschiede zu einem normalen Gespräch und zur Psychotherapie – und zu einem normalen Placebo-Effekt? Warum und unter welchen Umständen könnte die homöopathische Medizin wirkungsvoll sein, auch wenn ihre Medikamente wirkstofffrei und energielos sind? Und wie passen solche Überlegungen in die Medizin, deren Grundlage die Naturwissenschaft ist und nicht etwa übersinnliche Betrachtungen?

Literatur

Buckalew L, Coffield KE (1982) An investigation of drug expectancy as a function of capsule color and size and preparation form. Journal of Clinical Psychopharmacology, 1982, 245–248

Hahnemann S (2005) Organon der Heilkunst. 6. Aufl. Marix, Wiesbaden (faksimilierte Erstausgabe von 1810 online unter http://www.deutschestextarchiv.de/book/view/hahnemann_organon_1810?p=1. Zugegriffen: 6. Oktober 2014)

Kahneman D (2012) Schnelles Denken, langsames Denken. Siedler, München

Sankaran R (2005) Die Empfindung. Verfeinerung der Methode. Homoeopathic Medical Publishers, Indien, Mumbai

Sankaran R (2003) Einblicke ins Pflanzenreich, Bd. 1 (Anacardiaceae). Homoeopathic Medical Publishers, Indien, Mumbai

2

Wovon ist die Rede, wenn wir von Homöopathie sprechen?

Gibt es *die* Homöopathie?

Diese Frage lässt sich leicht beantworten: Nein, *die* Homöopathie gibt es nicht.

Erwähnt man den Begriff Homöopathie, so geht man davon aus, dass jeder weiß, wovon man spricht und was damit gemeint ist. Ein großer Irrtum. Die Homöopathie ist mitnichten ein geschlossenes System oder eine einheitliche Methode, und sie wird darüber hinaus oft mit anderen Methoden der sogenannten alternativen Medizin vermischt oder verwechselt. Deswegen möchte ich in diesem Kapitel zunächst klären, wovon die Rede ist, wenn ich über die Homöopathie spreche.

Von Dr. Samuel Hahnemann etwa im Jahr 1796 begründet, hat sich diese spezielle Heilmethode von Anfang an in verschiedene Richtungen entwickelt. Heute gibt es unter der großen, übergreifenden Bezeichnung Homöopathie in Deutschland und in der Welt viele verschiedene Schulen, Methoden und Teilmethoden sowie viele Trittbrettvarianten und Modeströmungen. Die sogenannte klassische

© Springer-Verlag GmbH Deutschland 2018
N. Grams, *Homöopathie neu gedacht*,
https://doi.org/10.1007/978-3-662-55549-1_2

Homöopathie geht direkt auf Hahnemann zurück, wobei es auch hier verschiedene Varianten gibt; die genuine Homöopathie bezieht sich streng auf Hahnemanns Texte. Andere Formen sind zum Beispiel die Komplexmittel-Homöopathie, die quantenlogische Homöopathie und die psychologische Homöopathie. Daneben gibt es einige der Homöopathie verwandte Heilmethoden, die zumindest ähnlich hergestellte Arzneimittel verwenden (z. B. die anthroposophische Medizin, Schüssler-Salze, Bach-Blüten). Darüber hinaus wird die Homöopathie oft mit anderen alternativen Heilmethoden gemischt: sei es mit tibetischer Massage, Elektroakupunktur, Farb- und Aromatherapie oder Klangschalentherapie, um nur einige zu nennen.

Noch einmal möchte ich ganz ausdrücklich betonen, dass es *die* Homöopathie nicht gibt. Das macht es so schwer, die Homöopathie zu beurteilen und sich ein klares Bild von ihr zu verschaffen. Es gibt viele verschiedene „Homöopathien", denen nur wenige Grundsätze gemeinsam sind. Hinzu kommt: Ebenso, wie es nicht *die* Homöopathie gibt, gibt es auch nicht *den* Homöopathen oder *den* Homöopathie-Befürworter. Vom absoluten Hardliner über den zarten Zweifler bis hin zum Skeptiker sind viele Varianten möglich – und auch dadurch unterscheidet sich die Art und Weise, wie Homöopathie gesehen und praktiziert wird. Auch dies wiederum trägt dazu bei, dass es schwer bis unmöglich ist, die Homöopathie umfassend zu beurteilen.

Nach außen wirkt die Homöopathie geschlossener und einheitlicher, als sie es tatsächlich ist. Innerhalb der Homöopathie gibt es große Unterschiede und teilweise sogar gegensätzliche Auffassungen – ob es nun um die Durchführung und Interpretation einer homöopathischen Anamnese geht, um die Medikamentenauswahl und -dosierung oder um ergänzende Verhaltensempfehlungen für den Patienten während einer homöopathischen Therapie. Im Grunde kann jeder, der sich mit Homöopathie beschäftigt, als Homöopath firmieren und der Homöopathie seinen eigenen Anstrich verleihen. Jede homöopathische Schule behauptet natürlich von sich, die beste zu sein.

Mit der Bezeichnung Homöopathie ist kein Gütekriterium verbunden. Für Ärzte, die als Homöopathen tätig sein möchten, gibt es seit 2003 eine geschützte Zusatzbezeichnung, der eine standardisierte Ausbildung vorausgeht, und auch für homöopathisch tätige Heilpraktiker gibt es mittlerweile Ausbildungsvorschriften, die jedoch nicht verbindlich sind. Aber auch Laien ist die Ausbildung frei zugänglich, und das Erlernte kann nach eigenem Gutdünken ausgeübt werden. Die Homöopathie als Heilmethode wird somit in vielerlei Form und Güte angeboten und angewendet.

> Die Homöopathie ist eine Heilmethode, keine Berufsbezeichnung. Ärzte, Heilpraktiker, aber auch Laien können sie ausüben. Ein Heilpraktiker ist nicht zwangsläufig ein Homöopath (es sei denn, er hat sich auf die Heilmethode Homöopathie spezialisiert). Das wird im alltäglichen Sprachgebrauch gerne verwechselt.

Das deutsche Gesundheitswesen ordnet die Homöopathie neben der Anthroposophie und der Phytotherapie (Pflanzenheilkunde) den sogenannten „besonderen Therapierichtungen" zu. Unter „besonderen Therapierichtungen" ist zu verstehen, dass diese Heilmethoden nicht den gängigen medizinischen Auffassungen und Standards folgen. Diese Methoden nehmen deshalb innerhalb der Medizin einen eigenen Status ein.

Um zu klären, wovon *ich* spreche, wenn ich in diesem Buch den Begriff Homöopathie benutze, gebe ich im Folgenden eine kurze Einführung in Entstehung, Grundsätze und heutige Anwendung. Ich halte mich dabei streng an Hahnemann, da seine Aussagen die Basis aller Homöopathien bilden und so eine grundsätzliche Beurteilung zumindest möglicher scheint.

Samuel Hahnemann, Begründer der Homöopathie

Über Dr. Samuel Hahnemann, den deutschen Arzt und Apotheker, der die Homöopathie begründete, gibt es viel Literatur. Ich will an dieser Stelle nicht ausführlich auf seinen Lebensweg eingehen, da es hierüber genügend gute Werke gibt, denen ich nichts hinzuzufügen hätte. Auch er selbst hat in seinen Büchern einiges über sich geschrieben. Ich zitiere bewusst an etlichen Stellen Hahnemann selbst. Es erfordert etwas Übung, sich in die altertümliche Sprache einzulesen, ist aber aufschlussreich, um ihn in seiner sicher besonderen Art besser kennenzulernen.

Ich möchte mich hier auf wenige Eckdaten beschränken: 1755 wurde Samuel Hahnemann als Sohn eines Meißner Porzellanmalers geboren. In Leipzig und Erlangen studierte er ab 1775 Medizin. 1810 veröffentlichte er die erste Version seines Grundlagenwerkes der Homöopathie, den *Organon der Heilkunst* (ab jetzt nur *Organon* genannt). Er ging aber auch einigen anderen Berufen und Interessen nach, wechselte außerordentlich häufig seinen Wohnsitz, war zwei Mal verheiratet und hatte elf Kinder – ein insgesamt wechselhaft anmutendes Leben. Hahnemann verstarb 1843 in Paris. Auf seinem Grabstein steht, auf seinen eigenen Wunsch hin, die Inschrift: „Ich habe nicht unnütz gelebt" (Wikipedia, Stichwort Samuel Hahnemann). Aus meiner Sicht sind vor allem zwei Aspekte seiner Biographie wesentlich für die Entwicklung der Homöopathie:

- Ganz offensichtlich war Hahnemann ein überaus unruhiger Geist. Viele Umzüge, Phasen reichen Schaffens, andere tiefer Armut, verschiedene Tätigkeiten mit wechselndem Erfolg in unterschiedlichen Berufen und Denkfeldern kennzeichnen sein Leben: vom Literaten zum Arzneimittelhersteller, vom Assistenten des Leibarztes der österreichischen Kaiserin zum Übersetzer, vom Freimaurer zum vielleicht ersten Psychotherapeuten et cetera.
- Darüber hinaus scheint er ein Mensch gewesen zu sein, der generell an allem zweifelte, was als gegeben galt. Mit Verve wetterte er gegen die traditionelle Medizin und geriet zeitlebens immer wieder in Konflikt mit Gesetzen, Vorgesetzten, Kollegen und der geltenden Lehrmeinung.

Nach allem, was ich von ihm und über ihn gelesen habe, scheint Hahnemann ein kluger Kopf gewesen zu sein, ein intelligenter und sehr konkreter Neu-Denker, der dem damaligen Medizinbetrieb tapfer und energisch entgegentrat und viele Missstände gnadenlos anprangerte. Er war zum Beispiel einer der ersten Ärzte, die sich für Hygiene einsetzten. Auch sein Interesse an der Psyche des Menschen war neu. Er scheint aber auch ein sehr eigenwilliger, rechthaberischer Mensch gewesen zu sein, der sich vor keiner Polemik scheute, um seine Meinung kundzutun. In diesem Buch werden Sie immer wieder Zitate von Hahnemann finden, die deutlich machen, wie komplex er denken konnte und in welch klarer Weise er dies niederschrieb. Die Sprache ist schwierig und oft erst nach mehrfachem Lesen verständlich. Aber ich bin immer wieder erstaunt, wie konkret er manche Dinge formuliert, die auch heute noch gültig sind. Andere Teile sind allerdings heute zu verwerfen; darauf gehe ich an späterer Stelle ein. Gerade sein auffälliger Charakter scheint Hahnemann befähigt zu haben, seinem von Kant entlehnten Motto *Aude sapere* gerecht zu werden und in der Medizin eigene Wege zu gehen. *Aude sapere* bedeutet: „Wage zu wissen".

Bis heute ist unklar, ob er auch der zweiten Bedeutung oder Übersetzungsmöglichkeit dieses Mottos gerecht wurde: „Wage, vernünftig zu sein/dich deiner Vernunft zu bedienen". Hahnemann wurde damals wie heute als Querkopf und Spinner oder aber als Genie bezeichnet. Ist er eher als genial zu verstehen, oder war und ist seine Idee einer Homöopathie Humbug? Ich möchte in diesem Buch versuchen, klarer als bisher zu trennen zwischen dem, was an seiner Homöopathie aus heutiger Sicht vernünftig und haltbar ist und was revisionsbedürftig oder tatsächlich überholt und zu verwerfen ist.

In welcher Zeit entstand die Homöopathie?

Um zu verstehen, wie Hahnemann zur Erfindung der Homöopathie und ihres Denkkonzeptes kam, ist es wichtig, sich zu vergegenwärtigen, in welcher Zeit er gelebt hat und wie der Stand der Medizin zu seiner Zeit war.

Die damalige Medizin war noch geprägt von mystischen Vorstellungen und radikalen Therapiemethoden. Zu Hahnemanns Zeiten dachte man in der Medizin vor allem im Sinne der Humoralpathologie. Dieser liegt kurz gesagt das Prinzip zugrunde, dass durch eine Krankheit vier schlechte Säfte im Körper entstehen (Blut, Schleim, schwarze und gelbe Galle). Dieses Konzept hatte Hippokrates (460–370 v. u. Z.) entwickelt, und es blieb bis ins 19. Jahrhundert hinein die vorherrschende Lehrmeinung in der Medizin (Wikipedia, Stichwort Humoralpathologie). Selbst als Galen (ca. 129–216 n. u. Z.) die Vier-Säfte-Lehre der Antike gründlich überarbeitete, behielt er deren Grundsätze bei, und Ziel einer Therapie war es weiterhin, die „verdorbenen Säfte" wieder aus dem Körper zu entfernen. Dies tat man mit drastischen Maßnahmen. Neben dem Aderlass standen Brech- und Abführmaßnahmen im Vordergrund. Die im Falle einer Krankheit im Übermaß vorhandenen schlechten Säfte sollten als Blut, Schweiß, Eiter oder Stuhl ausgeschieden werden. Die Arzneien verabreichte man als Pflaster, Klistiere, Öle, Salben, Umschläge, Räucherungen, Riechmittel, Tränke, Tinkturen, Pillen oder Pulver. Die Maßnahmen waren wenig spezifisch und wie gesagt eher drastisch, so dass man, ebenso drastisch formuliert, als Patient die Wahl

hatte, entweder die Krankheit oder die Therapie zu über-
leben. Viele überlebten beides nicht. Krankheiten waren zu
jener Zeit viel häufiger lebensbedrohlich und überzogen oft
in großen, seuchenartigen Wellen ganze Landstriche (Wikipedia, Stichworte Medizingeschichte, Humoralpathologie).

Hahnemann war nicht zufrieden mit der gängigen Lehrmeinung, dass es darauf ankäme, auszuleiten oder zu un-
terdrücken. Vor allem störte es ihn, dass die Therapien so
wenig spezifisch waren und dass sie gemeinhin zu einer
Schwächung des Patienten führten, die in vielen Fällen
über die ohnehin schon erhebliche Schwächung durch die
Krankheit selbst hinausging. Zudem galten Ärzte mehr
noch als heute als höherstehende Autoritäten, und dem Patienten in seiner Not lange Gehör zu schenken, stand nicht
auf dem Plan. Gegen diese Auffassung von der Arzt-Patient-
Beziehung und gegen die vorherrschenden Lehrmeinungen
(z. B. in Bezug auf die damals noch nicht durchgeführte
Hygiene) setzte sich Hahnemann massiv zur Wehr. Getreu
seinem Charakter wetterte er in seinem Grundlagenwerk,
dem *Organon*, gegen viele der vorherrschenden Glaubenssätze der Medizin.

Hahnemanns *Organon* besteht aus einzelnen Paragraphen, die wie ein Flickwerk aneinandergereiht sind, teils
nach Themen geordnet, teils etwas wirr gemischt. Darin
entwickelt Hahnemann die Grundsätze seiner eigenen Medizin, die er Homöopathie nennt. Der Name Homöopathie kommt von griechisch *homousious* ‚ähnlich' und *páthos*
‚Krankheit' und bedeutet so viel wie: Heile Ähnliches mit
Ähnlichem. Er wollte sich mit dieser Methode abgrenzen
gegen das traditionelle Heilprinzip. Letzteres bezeichnete
er diffamierend als Allöopathie; ihr liegt der therapeutische

Leitsatz *contraria contrariis curentur* zugrunde: Heile Gegensätzliches mit Gegensätzlichem.[1]

Insgesamt war die damalige Medizin noch deutlich weniger Naturwissenschaft als heute – ganz einfach deshalb, weil naturwissenschaftliche Prinzipien erst in späterer Zeit erforscht und geklärt wurden. Magisches Denken, Amulette, Talismane, Heilwässerchen auf dem Jahrmarkt, Heiligenbildchen und kirchlich-christliche Assoziationen waren damals genauso Teil der Medizin wie relativ unspezifische ärztliche Interventionen. Desinfektion, Hygiene und physiologische oder biochemische Vorgänge im menschlichen Körper waren weitgehend unbekannt. Bedenken Sie, dass Hahnemann zu einer Zeit gelebt hat, als Virchows Zellularpathologie noch nicht bekannt war; erst um 1850 hat Virchow sie entwickelt. Hahnemann kannte also weder den Blutkreislauf noch die Lehre von Körperzellen und wusste nicht, dass Funktionsstörungen auf dieser Ebene eine Krankheitsursache sind. Diese Entdeckung war bahnbrechend und führte endlich dazu, dass die Schlechte-Säfte-Theorie, mit der Hahnemann noch heranreifte, nach

---

[1] Als Synonym für den Begriff Allöopathie wird heute oft die Bezeichnung Schulmedizin verwendet. Als Schulmedizin bezeichnet man die Medizin, die an einer Hochschule gelehrt wird. Für die Homöopathie gab und gibt es keinen Lehrstuhl an einer Hochschule. An einigen Universitäten wird sie allerdings mittlerweile im Rahmen der Naturheilkunde-Vorlesungen vorgestellt. Die Homöopathie wird aber im Wesentlichen in Schulen und Fortbildungen außerhalb der Universitäten gelehrt, zum Beispiel im Deutschen Zentralverband homöopathischer Ärzte. Heilpraktiker haben eigene Aus- und Fortbildungswege. Einige Autoren halten den Begriff Schulmedizin deshalb für falsch oder zumindest für unglücklich gewählt. Denn gerade die sogenannte Schulmedizin wird nicht an niederen Schulen, sondern an Universitäten gelehrt und hat damit per se einen anderen Status. Ich habe das Wort Schulmedizin hier deshalb nicht übernommen, obwohl es im Sprachgebrauch weiter gängig ist. Ich verwende stattdessen die Bezeichnungen „normale" oder „wissenschaftliche Medizin".

2500 Jahren fallengelassen wurde. Erst um 1860 entdeckte der Arzt Semmelweis die Prinzipien bakterieller Infektionen und letztlich die Basis der Mikrobiologie, die durch Kochs und Pasteurs Entdeckung, dass Krankheiten durch Viren und Bakterien ausgelöst werden können (um 1876), immens erweitert wurde. 1897 wurde das erste Antibiotikum entdeckt; erst 1928 setzte Fleming es medizinisch ein. Viele weitere wichtige Meilensteine der modernen Naturwissenschaften und der Medizin wurden ebenfalls erst später erreicht (Wikipedia, Stichwort Medizingeschichte). Ähnlich famose Entwicklungen durchliefen im 19. Jahrhundert Mathematik, Physik, Chemie und wissenschaftliche Methodiken und Nachweisverfahren wie die Statistik oder das Prinzip der Kausalität und der evidenzbasierten Forschung.

Auch das Menschenbild hat seit Hahnemanns Zeiten einen enormen Wandel durchlaufen. Während man zu seiner Zeit vieles noch mit Vorstellungen und Mythen erklären musste, liegen heute viele Erkenntnisse vor, die andere Schlüsse zulassen (Schmidt-Salomon 2014). Besonders seit der Entwicklung des modernen Naturalismus im 20. Jahrhundert stehen nun ausreichend naturwissenschaftliche Erklärungen zur Verfügung, um bei der Beschreibung des Menschen, seiner Fähigkeiten, aber auch seiner Krankheiten ganz auf Wunder, Mythen und Unerklärliches verzichten zu können. Heute ist es so,

> … dass die Naturwissenschaften zu den grundlegenden Beschreibungen der Strukturen der Welt führen (…) und in diesem Sinne philosophischen, geisteswissenschaftlichen und alltäglichen Methoden überlegen (sind.) (…) in die-

sem Sinn sind die Naturwissenschaften für die Beschreibung und Erklärung der Welt „das Maß aller Dinge".
Wikipedia, Stichwort Naturalismus (Philosophie)

In seiner im heutigen Sinne vornaturwissenschaftlichen Zeit entwickelte Hahnemann seine Theorien. Und so mag er in manchen Bereichen schlicht ein Kind seiner Zeit gewesen sein und konnte es nicht besser wissen. Für uns heute gelten aber in der Wissenschaft und der Medizin andere Prinzipien, auf die ich genauer eingehen werde.

Die homöopathische Methode – was ist anders?

Hahnemanns homöopathischer Denkansatz unterscheidet sich – damals wie heute – deutlich von der wissenschaftlichen Medizin:

Die Grundsätze der Homöopathie nach Hahnemann

- Der Patient wird vor allem als Individuum gesehen. In der Homöopathie geht es also nicht um die Behandlung von Symptomen per se.
- Anstatt nach einer äußeren Ursache für eine Krankheit zu suchen, gilt die Aufmerksamkeit des Arztes einem genau zu erfassenden individuellen Krankheitszustand und einer inneren Disposition. (Es gibt also keine schlechten Säfte oder äußere krank machende Einflüsse. Diese Auffassung ist auch heute noch gültig.)
- Der Körper verfügt über ein Selbstheilungspotenzial, das angeregt werden kann. (Es gibt also nichts auszuleiten oder zu bekämpfen.)

- Dem Prozess der Krankheits- bzw. Zustandsbeschreibung und der Medikamentenfindung, der hochindividuell und „eigenthümlich" – das heißt von Patient zu Patient verschieden – abläuft, gilt die ganze Aufmerksamkeit des Arztes. (Der Arzt muss dem Patienten also sehr genau zuhören.)
- Die Symptome sind nur ein Abbild der eigentlichen inneren Problematik: der Störung der „Lebenskraft". Das Gesamtbild der Symptome ergibt das Patienten-Bild, das mit einem Arzneimittelbild abgeglichen werden soll.
- Allein die Verstimmung dieser „Lebenskraft" führe zur Krankheit. Nicht nach äußeren Ursachen müsse man suchen. Vielmehr sei es die alleinige Aufgabe des Arztes, ein dem kranken Zustand *ähnliches* Heilmittel zu finden. Ein solches *ähnliches* Medikament rufe im Körper eine Art Kunst-Krankheit hervor. Dadurch erkenne der Körper die ähnliche richtige Krankheit und werde so befähigt, sich selbst zu heilen.

Jedes wirksame Arzneimittel erregt im menschlichen Körper eine Art von eigner Krankheit, eine desto eigenthümlichere, ausgezeichnetere und heftigere Krankheit, je wirksamer die Arznei ist. Man (…) wende in der zu heilenden (…) Krankheit dasjenige Arzneimittel an, welches eine andre, möglichst ähnliche, künstliche Krankheit zu erregen im Stande ist und jene wird geheilet werden; Similia similibus. (Ähnliches werde durch Ähnliches geheilt.)

Aus der Einleitung zum *Organon* (Hahnemann 2005)

Durch Beobachtung, Nachdenken und Erfahrung fand ich, daß im Gegentheile von der alten Allöopathie die wahre, richtige, beste Heilung zu finden sei in dem Satze: Wähle, um sanft, schnell, gewiß und dauerhaft zu heilen, in jedem Krankheitsfalle eine Arznei, welche ein ähnliches Leiden für sich erregen kann, als sie heilen soll.

ebd.

Hahnemann stellte sich das also in etwa so vor: Belladonna, die Tollkirsche, wenn man sie aus Versehen und als gesunder Mensch einnimmt, ruft verwirrte, hochfiebrige Zustände hervor, mit Schweiß, rotem Gesicht, großer Abgeschlagenheit und häufig Todesangst. Nimmt man sie jedoch zu therapeutischen Zwecken in sehr geringer Dosis ein, so sei Belladonna in der Lage, einen solchermaßen kranken Zustand (mit *ähnlichen* Symptomen) zu heilen. Dem kranken Zustand werde dadurch eine Art Spiegel vorgehalten, der den Körper befähige, selbst die nötigen Schritte zur Heilung einzuleiten.

Hahnemann war davon überzeugt, dieses Prinzip so aufgedeckt zu haben: Er nahm in einem Selbstversuch das damals schon gebräuchliche pflanzliche Medikament Chinarinde ein. Der Selbstversuch ist schwer zu rekonstruieren, weil Hahnemann selbst ihn nur ansatzweise dokumentiert hat. Aber etwa Folgendes soll geschehen sein: Eine zu der Zeit auch in Deutschland schon bekannte Erkrankung war die Malaria (damals „Wechselfieber" genannt), die mit recht typischen Symptomen einhergeht (einem periodisch auftretenden Fieber, heftigen Durchfällen und einer starken Schwächung des Organismus). Hahnemann meinte, durch die Einnahme im Rahmen seines Selbstversuchs mit der Chinarinde herausgefunden zu haben, dass diese bei ihm selbst malariaähnliche Symptome auslöste. Das brachte ihn auf den grundlegenden Gedanken der Homöopathie. Er fragte: Wenn man nun einem Malaria-Patienten mit entsprechend typischen Symptomen ein Heilmittel gibt, das bei einem Gesunden imstande ist, ganz *ähnliche* Symptome auszulösen, müsste das nicht zu einem Ausgleich führen?

Und in der Tat, was er sich so theoretisch ausgedacht hatte, schien in der Praxis zu funktionieren, und es folgten viele Jahre des Experimentierens und Verfeinerns seines homöopathischen Prinzips.

Kritiker bezweifeln Hahnemanns Interpretation seines Selbstversuchs – damals wie heute. Der Versuch ließ sich nie wiederholen (Hopff 1991). Möglicherweise erlitt Hahnemann einfach eine allergische Reaktion auf das in der Chinarinde enthaltene Chinin (Wikipedia, Stichwort Homöopathie, Aust 2013). Im Kapitel über die homöopathische Arzneimittelprüfung gehe ich genauer darauf ein.

Hahnemann prüfte im Laufe seines Lebens 27 weitere Heilmittel, indem er sie selbst einnahm, alle Symptome genau festhielt, die daraufhin entstanden, – und sie fortan für ähnliche Krankheitsbilder verschrieb. Das homöopathische Grundprinzip der Ähnlichkeit beschreibt Hahnemann selbst so:

> Diejenige Arznei, welche in ihrer Einwirkung auf gesunde menschliche Körper die meisten Symptome in Aehnlichkeit erzeugen zu können bewiesen hat, welche an dem zu heilenden Krankheitsfalle zu finden sind, in gehörig potenzierten und verkleinern Gaben auch die Gesamtheit der Symptome dieses Krankheitszustandes, die ganze gegenwärtige Krankheit schnell, gründlich und dauerhaft aufhebe und in Gesundheit verwandle, und daß alle Arzneien, die ihnen an ähnlichen Symptomen möglichst nahe kommenden Krankheiten.
>
> Hahnemann 2005, *Organon*, Paragraph 25

Das Heilvermögen der Arzneien beruht daher auf ihren der Krankheit ähnlichen und dieselben an Kraft überwiegenden Symptomen, so daß jeder einzelne Krankheitsfall nur durch eine, die Gesamtheit seiner Symptome am ähnlichsten und vollständigsten im menschlichen Befinden selbst zu erzeugen fähigen Arznei, welche zugleich die Krankheit an Stärke übertrifft, am gewissesten, gründlichsten, schnellsten und dauerhaftesten vernichtet und aufgehoben wird.

Hahnemann 2005, *Organon*, Paragraph 27

In der homöopathischen Anamnese wird ein genaues Patientenbild erfasst. Diesem wird das ähnliche Arzneimittenbild gegenübergestellt, das durch die homöopathische Arzneimittelprüfung entstanden ist. Im Körper des Patienten soll durch die Gabe des Arzneimittels eine Art Kunst-Krankheit entstehen, die den Körper befähigt, die richtige Krankheit selbst zu überwinden. Man gibt ihm durch die Kunst-Krankheit sozusagen das Werkzeug in die Hand, um sich mit der sehr ähnlichen wirklichen Krankheit auseinanderzusetzen; ich gehe darauf noch ein.

Ergänzt sei, dass sich zu Zeiten Hahnemanns etliche Ärzte an dem von Paracelsus (1493–1541) überlieferten Prinzip der Signaturenlehre orientierten. Dieses besagt in Kürze, dass sich ähnliche Dinge im Universum entsprechen. Dies wurde auch für Heilzwecke eingesetzt; zum Beispiel sollten Bohnen gegen Nierenleiden helfen, Walnüsse gegen Gehirnerkrankungen. Hahnemann stand damals mit dieser Vorstellung also nicht allein. Heute gilt die Signaturenlehre als widerlegt und als unbrauchbar für naturwissenschaftliche Erkenntnisse.

Von der wissenschaftlichen Medizin unterscheidet sich die Homöopathie auch heute noch in der Auffassung darüber, was im Krankheitsfall zu betrachten und zu behandeln ist. Die Homöopathie erfasst im Gegensatz zur normalen Medizin nicht nur körperliche, sondern darüber hinaus auch emotionale und geistige Beschwerden. Vor allem das Einbeziehen geistiger Aspekte ist im Vergleich zum Herangehen der normalen Medizin sehr ungewohnt.

Ein großer Unterschied zwischen der wissenschaftlichen Medizin und der Homöopathie ist die Stärke der Dosierung ihrer Medikamente. Während in der normalen Medizin eine physiologische Wirkgrenze das Maß der Dosierung ist, gibt die Homöopathie vor, gerade mit nicht physiologisch wirksamen Dosierungen Erfolg zu haben.

Die homöopathischen Repertorien und die Materia medica

Durch die sogenannten Arzneimittelprüfungen entstanden, erst durch Hahnemann selbst, später durch seine Schüler, lange Listen mit Symptomen, die sich mit den nachfolgend aufgelisteten Arzneimitteln beseitigen lassen sollten, da diese ähnliche Symptome beim Gesunden hervorriefen. Man nennt diese Listen *Repertorien*. Jeder Homöopath arbeitet noch heute mit Repertorien. Es gibt diese Repertorien in vielen Varianten. Auch in dieser Hinsicht existiert also keine einheitliche Lehrmeinung in der Homöopathie.

Hier ein beispielhafter Auszug aus einem Repertorium zum Symptom „Schmerzen, Gelenke, rheumatisch":

Aconitum Napellus, Antimonium Tartaricum, Arnica Montana, Arsenicum Sulphuratum Flavum, Aurum Metallicum, Belladonna, Benzoicum Acidum, Bryonia Alba, Cactus Grandiflorus, Calcarea Carbonica, Calcarea Phosphorica, Calcarea Sulphurica, Causticum, Chamomilla, Chimaphila Maculata, Chininum Sulphuricum, Cimicifuga, Racemosa, Cocculus Indicus, Colchicum Autumnale, Colocynthis, Dulcamara, Ferrum Metallicum, Ferrum Phosphoricum, Formica Rufa, Guajacum Officinale, Hepar Sulphur, Iodium, Kalium Bichromicum, Kalium Iodatum, Kalium Muriaticum, Kalium Sulphuricum, Kalmia Latifolia, Lac Caninum, Lachesis Muta, Lacticum Acidum, Ledum Palustre, Lycopodium Clavatum, Mercurius Solubilis, Natrium Muriaticum, Natrium Sulphuricum, Nux Vomica, Rhododendron, Chrysanthum, **Rhus Toxicodendron,** Salicylicum Acidum, Sanguinaria, Canadensis, Spigelia Anthelmia, Staphysagria, Sulphur, Veratrum Viride.
repertorium-online, Juni 2014

Ferner entstanden Werke mit Arzneimittelbeschreibungen, die sogenannten *Materiae medicae.* Sie enthalten eine detaillierte Sammlung der Symptome und Kennzeichen, die für das jeweilige Bild des Arzneimittels typisch, wichtig oder bekannt sind, und Texte mit Interpretationen und Anwendungsvorschlägen. Die Materiae medicae geben an, für welches Patienten-Bild (das in der Anamnese erfasst wird) ein homöopathisches Arzneimittel hilfreich sein soll. Auch mit diesen Werken arbeitet heute jeder Homöopath.

Hier ein beispielhafter Auszug aus einer Materia medica zu Rhus toxicodendron, dem im Eingangsbeispiel gegebenen Medikament:

Diese Pflanze steht für verschiedene Symptome. Zum einen sind es Vergiftungssymptome und Hautprobleme. Zum andern hat Rhus Toxicodendron eine ausgeprägte Wirkung auf Bänder und Gelenke und wirkt bei Neuralgien. Und schließlich ist das Krankheitsbild von Unruhe, starkem Bewegungsdrang und Schlafstörungen angesprochen. Rhus Toxicodendron ist besonders angezeigt, wenn die entsprechende Symptomatik sich bei Kälte und Nässe und im Herbst und Winter verschlechtert. Ein weiteres Zeichen dafür, dass dieses Mittel angezeigt ist, besteht darin, dass die Symptome nachts stärker als tagsüber auftreten.

Verbesserung der Symptome:

Verbesserungen der Symptome werden beobachtet bei Wärme, bei heißen Bädern, bei Schweißausbrüchen, bei Reiben der betroffenen Stellen und bei fortgesetzter Bewegung, auch beim Strecken des Körpers sowie beim Liegen auf dem Rücken. Fortgesetzte Bewegung, Lageveränderung in Ruhe, Wärme und warmes, trockenes Wetter verbessern die Symptomatik. Einhüllen, Reiben und Kneten, Ausstrecken der Glieder und Festhalten der betroffenen Körperteile beeinflussen die Befindlichkeit positiv.

Verschlechterung der Symptome:

Verschlechterungen werden festgestellt beim Liegen auf der Seite und bei Ruhe. Verstärkte Beschwerden entstehen durch Zugluft, durch Durchnässung und Verrenkung, durch Verhebung und Unterkühlung. Verschlechterung geschieht durch Kälte in jeder Form, durch Nässe und ganz besonders in der Nacht. Auch im Herbst und Winter werden die Symptome stärker. Auch Kälte nach dem Schwitzen, kalte Waschungen, kaltes Essen, kalte Getränke und Überanstrengung wirken verschlechternd.

Angezeigte körperliche Symptome zur Anwendung von Rhus Toxicodendron:

- Allgemeine Steifheit besonders am Morgen
- Rheuma und Gelenkrheumatismus
- Sehnen- und Muskelzerrungen
- Arthritis
- Ischiasbeschwerden
- Hexenschuss
- Schulter-Arm-Syndrom
- Torticollis
- Lumbago
- Neuritiden und Neuralgien, besonders Ischias
- Bullöse Dermatidis und pustulöses Ekzem
- Polydermien
- Hautausschläge mit Blasenbildung
- Herpes
- Grippale Infekte
- Fieberfrost beim Entblößen der Hände

Yamedo, *Online Materia medica*

Beide Werke wurden und werden seit Hahnemanns Tod ständig weiter ergänzt und von verschiedenen Prüfern und Autoren erweitert; sie sind also mitnichten einheitlich. Im Gegenteil – je nach homöopathischer Schule werden Materiae medicae und Repertorien mit unterschiedlichen Schwerpunkten erstellt und benutzt. Wahre Glaubenskriege entstehen um die „Richtigkeit" der einen oder anderen Variante. Heute gibt es Materia medica und Repertorium auch als Computerdatenbanken mit Suchfunktionen, die es erlauben, nach Arzneimittelbildern oder nach Symptomen zu suchen; auch hier gibt es verschiedene Varianten.

Von außen wird die homöopathische Medizin möglicherweise als geschlossener und einheitlicher wahrgenommen als sie ist. Ich betone deshalb noch einmal, dass es *die* Homöopathie nicht gibt, also auch nicht *die* Materia medica oder *das* Repertorium.

Die homöopathische Anamnese

Um ein dem kranken Zustand ähnliches Arzneimittel zu finden, ist es zunächst einmal nötig, den kranken Zustand genau zu erfassen und zu beschreiben. Dazu dient die homöopathische Anamnese (Erhebung der Krankengeschichte). Es gibt im Wesentlichen vier Möglichkeiten, eine homöopathische Anamnese zu erheben:

Arten homöopathischer Anamnese

- Anamnese in die Breite (z. B. klassische Homöopathie, Homöopathie nach Kent):
  Der Homöopath versucht, möglichst viele Symptome, Besonderheiten und Modalitäten (was macht es besser, was macht es schlechter?) zu erfassen. Dazu gehören auch die persönliche Vorgeschichte sowie die Familienanamnese. Der Therapeut wird in diesem Fall auch andere Symptome als das Hauptsymptom und generelle Abneigungen und Vorlieben erfragen. Ziel ist es, ein möglichst detailliertes Gesamtbild zu erstellen.
- Anamnese in die Tiefe (z. B. Homöopathie nach Sankaran):
  Der Homöopath versucht anhand des Hauptsymptoms, ein tieferliegendes individuelles Muster im Patienten aufzuspü-

ren und dieses in Zusammenhang mit einer generalisierbaren gestörten Grundempfindung zu bringen.
- Anamnese eigentümlicher Besonderheiten (z. B. Homöopathie nach Boenninghausen, Sehgal, Scholten): Ziel ist es, eine ganz individuelle Besonderheit („Eigenheitlichkeit") des Patienten herauszuarbeiten. Dies können außergewöhnliche oder spezifische Modalitäten sein (was macht es besser bzw. schlechter), eine absolut typische Symptomkonstellation (*King-pin*) oder eine Art mentaler Glaubenssätze.
- *Quickfinder*-Anamnese: Obwohl diese Vorgehensweise wohl am häufigsten genutzt wird, vor allem von Laien, hat sie mit der Homöopathie in Hahnemanns Sinne kaum etwas zu tun. Hier werden Symptome oder Symptomgruppen in *Quickfindern* nachgeschlagen, oder es wird nach Typen gesucht (typische homöopathische Arzneimittelbilder, z. B. der Sulfur-Typ). Zu dieser Form der Anamnese gehören meines Erachtens auch Fragebogen (wie ausführlich auch immer sie sein mögen). Ein Fragebogen kann keine homöopathische Anamnese ersetzen, allenfalls ergänzen.

Der Therapeut muss sich für die ersten drei Methoden gleichermaßen viel Zeit nehmen. Deshalb dauern die homöopathischen Anamnesen so lange. Vielleicht wird auch aus diesem Grund gern die Abkürzung über einen *Quickfinder* genommen.

Ziel aller Anamneseformen ist es, das Symptom in einen Zusammenhang mit dem jeweiligen Patienten zu bringen. Bei Rückenschmerzen beispielsweise orientiert sich die homöopathische Anamnese an Fragen wie diesen:

- Was unterscheidet diesen Rückenschmerz von den Rückenschmerzen, die ich als Ärztin diese Woche schon bei anderen Patienten behandelt habe?

- Wie beschreibt *dieser* Patient seinen Schmerz im Unterschied zu anderen?
- Welchem Bild ähnelt diese individuelle Empfindung und Beschreibung?
- Welches Patientenbild zeigt sich hier, und welchem Arzneimittelbild ist es ähnlich?

In unserem Eingangsbeispiel von Frau M. zeichnet sich folgendes Bild ab: Der chronische Schmerz bessert sich bei Wärme, verschlimmert sich am Anfang einer Bewegung und wird dann langsam besser; morgens ist er am schlimmsten. Sie fühlt sich steif und durch den Schmerz beengt. Ein ganz anderes Bild würde sich bei einer solchen Beschreibung zeigen: „Akuter, klopfender, hochroter Schmerzbereich; extreme Schmerzen mit Angst und Unruhe; will zugedeckt liegen, bis er schwitzt; kann sich vor Schmerzen jedoch kaum bewegen, sonst wird ihm übel und schwindlig (Belladonna)." Oder aber: „Langanhaltender dumpfer Schmerz, mit dem Gefühl, er könne sich nicht bewegen, sonst zerbreche er; große Trägheit und Mattigkeit (Thuja)."

Natürlich erfassen wir auch in unserer normalen Medizin verschiedene Aspekte eines Rückenschmerzes. Wir tun dies aber allein, um abzugrenzen, ob es sich um ein akutes oder chronisches Bild handelt, und um dann die jeweiligen Therapie festzulegen (Schmerzmittel, Physiotherapie, Operation et cetera). Das Bild wird bei weitem nicht so komplex, und die Befragung ist längst nicht so ausführlich, schon deswegen, weil sie zumeist symptombegrenzt bleibt.

Ziel der homöopathischen Medizin ist es, ein möglichst umfassendes, typisches und tiefgehendes Patientenbild mit einem ähnlichen Arzneimittelbild in Übereinstimmung zu bringen. Dazu dient die homöopathische Anamnese.

Die Anamnesetechnik ist dabei keineswegs einheitlich, sondern unterscheidet sich grundlegend je nach homöopathischer Schule. Während es sich teilweise um ein mehr oder weniger systematisches allgemeines Abfragen der aktuellen und vergangenen Symptome, Befunde, Befindlichkeiten oder familiären Besonderheiten handelt, versuchen andere Homöopathen, gezielt zu den sogenannten eigenheitlichen Besonderheiten des jeweiligen Patienten vorzudringen. Dabei kann es sich im einen Fall um ein rein körperliches Symptom, im anderen Fall um eine eher mentale Problematik handeln. Hahnemann gab nur die Anweisung, den Patienten genau zu befragen und ihn ausreden zu lassen, bis er alles gesagt hat; er gab aber keine Frage- oder Anamnesetechnik vor. Demzufolge kann man in der Homöopathie nicht überprüfen, ob eine Anamnese *falsch oder richtig* gemacht wurde – weil es schlichtweg keinen Maßstab gibt. Natürlich beansprucht dennoch jede Homöopathie-Richtung für sich, es richtiger als die anderen zu machen.

Die homöopathischen Medikamente (Potenzierung)

Hat man nun den kranken Zustand durch die (sehr unterschiedlich verlaufende) homöopathische Anamnese genau erfasst, so muss der Therapeut ein dem Zustand ähnliches

Medikament finden und verschreiben (je nach seiner Methode mit unterschiedlichem Vorgehen). Dabei wird das detaillierte Gesamtbild oder das individuelle tiefe Muster der Empfindung oder die spezifische Eigenheitlichkeit zur Grundlage der Diagnose, die wiederum zum Arzneimittel führt.

Zur Zeit Hahnemanns verwendete man als Arzneimittel:

- anorganische/mineralische Substanzen (z. B. Quecksilber, Arsen, Schwefel, Calciumcarbonat, verschiedene Salze),
- pflanzliche Substanzen (z. B. Rhabarberwurzel, Arnica, Calendula) und
- tierische Substanzen (z. B. Bibergeil, Moschus, Ambra, aber auch Tierexkremente).

Von daher war es nur logisch, dass er solche Stoffe zur Basis seiner Arzneitherapie machte, zumal es noch keine chemisch oder synthetisch hergestellten Medikamente gab. Aus diesem Fundus also schöpfte er seine homöopathischen Arzneimittel.

Das Problem war nun aber, dass Hahnemann sich genötigt sah, Patienten mitunter giftige Heilpflanzen zu verabreichen. Ein Beispiel ist die Tollkirsche, die bei Einnahme zu Verwirrtheits- und Fieberzuständen führen kann, aber auch zu schweren Vergiftungserscheinungen und zum Tod. Er sah sich mit dem von ihm selbst angeprangerten Problem konfrontiert, dass er einen Patienten mit einem so giftigen Heilmittel nur schwächen konnte, selbst wenn die Prinzipien der Ähnlichkeit erfüllt waren. Das dürfte Hahnemann auf den Gedanken gebracht haben, seine giftigen Arzneien schrittweise zu verdünnen, bis keine vergiftende Wirkung mehr zu befürchten war. Entgegen seiner Erwartung, dass sich nun auch die Wirkung abschwächen müsste, meinte er feststellen zu können, dass sich diese eher zu verbessern schien. Noch besser waren die Heilerfolge, wenn das Medikament nicht nur verdünnt, sondern auch verschüttelt, also *dynamisiert* und *potenziert* wurde (*Organon*, Paragraph 269). Diese sogenannte Potenzierung gab Hahnemann genau vor (*Organon*, Paragraph 270 ff.). Heute ist sie auch im Homöopathischen Arzneibuch[2] festgehalten. Sie erfolgt vereinfacht dargestellt so:

Das Potenzieren der Heilsubstanzen

Eine Ursprungssubstanz in Reinform wird aufgelöst und im Verhältnis 1:10 (also in dezimaler Verdünnung, daher D-Potenzen) oder 1:100 (also centesimal, daher C-Potenzen) mit einem Auszugsmittel gemischt (meist Wasser oder Alkohol). Damit es keine bloße Verdünnung bleibt, ist die verdünnte Substanz nun laut Hahnemann zu verschütteln bzw. zu dynamisieren. Damit ist ein rhythmisches Klopfen auf eine Unterlage gemeint. So erhält man ein potenziertes Gemisch bzw. die Potenzen D1 oder C1. Von diesen Potenzen nimmt man nun wiederum einen Tropfen und verschüttelt ihn mit weiteren neun (bzw. 99) Tropfen Lö-

---

[2] Im Jahre 1976 wurde die Homöopathie im Arzneimittelgesetz (AMG) offiziell anerkannt. Die homöopathischen Arzneimittel werden nach den Richtlinien des Homöopathischen Arzneibuchs (HAB) hergestellt. Genauso wie andere Arzneimittel müssen homöopathische Arzneimittel vom Bundesinstitut für Arzneimittel und Medizinprodukte (BfArM) behördlich überprüft werden und unterliegen damit genau festgelegten Herstellungsbedingungen. Ein Wirkungsnachweis dieser Mittel ist damit aber nicht verbunden.

sungsmittel auf die Potenz D2 (bzw. C2). Durch sechsfaches Verschütteln erhält man folglich die Potenz D6 (bzw. C6).

Diese so gewonnene Arznei-Lösung wird dann zumeist auf Rohr- oder Milchzuckerkügelchen aufgebracht, verdunstet und steht nun zur Anwendung in der jeweiligen Potenz bereit (Globuli).

Hahnemann berichtet, dass mit solchermaßen potenzierten Arzneimitteln Patienten nicht mehr nur von ihren Symptomen kuriert würden, sondern sich durch die überstandene Krankheit innerlich gestärkt und mit persönlichem Gewinn zu entwickeln schienen.

Er versuchte sich zu erklären, wie man es sich vorzustellen habe, dass ein solches immaterielles Medikament überhaupt noch eine Wirkung entfaltet und zudem zu so überraschend guten Ergebnissen führt: In einem potenzierten Medikament sei an stofflicher Materie nichts mehr enthalten. Dies sei auch gar nicht nötig, weil es sich bei einer Krankheit grundsätzlich um einen „geistartigen" Prozess handele. Es brauche also auch etwas „Geistartiges", um sie zu beeinflussen. Er beschreibt das in seinem *Organon* so:

Die Homöopathie kann jeden Nachdenkenden leicht überzeugen, daß die Krankheiten der Menschen auf keinem Stoffe, keiner Schärfe, d. h. auf keiner Krankheitsmaterie beruhen, sondern, daß sie einzig geistartige (dynamische) Verstimmungen der geistartigen, den Körper des Menschen belebenden Kraft, des Lebensprinzips, der Lebenskraft, sind (…). Daher bedient die Homöopathie sich zum Heilen bloß solcher Arzneien, deren Vermögen, das Befinden (dynamisch) zu verändern und umzustimmen, sie genau kennt und sucht dann eine solche heraus, deren Befinden verändernde Kräfte (Arzneikrankheit) die vorliegende natürliche Krankheit durch Ähnlichkeit aufzuheben im Stande ist, und gibt dieselbe einfach, in feinen Gaben (so klein, dass sie ohne Schmerz oder Schwächung zu verursachen […] das natürliche Übel aufheben) dem Kranken ein; (…) wodurch die natürliche Krankheit ausgelöscht wird und der Kranke schon bald (…) erstarkt und geheilt ist.

Hahnemann 2005, *Organon*, aus dem Vorwort

Das „Geistartige" in den Arzneimitteln soll durch die Potenzierung erreicht werden. Darunter verstand Hahnemann:

Diese merkwürdige Veränderung in den Eigenschaften der Natur-Körper, durch mechanische Einwirkung auf ihre kleinsten Theile, durch Reiben und Schütteln (…) entwickelt die latenten, vorher unmerklich, wie schlafend in ihnen verborgen gewesenen, dynamischen Kräfte, welche vorzugsweise auf das Lebensprincip, auf das Befinden des thierischen Lebens Einfluß haben. Man nennt daher diese Bearbeitung derselben Dynamisiren, Potenziren (Arzneikraft-Entwickelung) und die Produkte davon Dynamisationen, oder Potenzen in verschiedenen Graden.

Hahnemann 2005, *Organon*, Paragraph 269

Durch diese Bearbeitung roher Arznei-Substanzen, entstehen Bereitungen, welche hierdurch erst die volle Fähigkeit erlangen, die leidenden Theile im kranken Organism treffend zu berühren und so durch ähnliche, künstliche Krankheits-Affection dem in ihnen gegenwärtigen Lebensprincipe das Gefühl der natürlichen Krankheit zu entziehen. Durch diese mechanische Bearbeitung, wenn sie

nach obiger Lehre gehörig vollführt worden ist, wird bewirkt, daß die, im rohen Zustande sich uns nur als Materie, zuweilen selbst als unarzneiliche Materie darstellende
Arznei-Substanz, mittels solcher höhern und höhern Dynamisationen, sich endlich ganz zu geistartiger Arznei-
Kraft subtilisirt und umwandelt, welche an sich zwar nun
nicht mehr in unsere Sinne fällt, für welche aber das arznei-
lich gewordene Streukügelchen, schon trocken, weit mehr
jedoch in Wasser aufgelöst, der Träger wird und in dieser
Verfassung die Heilsamkeit jener unsichtbaren Kraft im
kranken Körper beurkundet.

Hahnemann 2005, *Organon*, Paragraph 270

Durch das Dynamisieren und Potenzieren soll eine Substanz X also geistartig werden und kann somit auf die geistartige Lebenskraft wirken. So weit zu Hahnemanns Theorie. Er postuliert diese besondere Transformation sogar für
jene Stoffe, die an sich gar keine arzneiliche Wirkung be-
sitzen, zum Beispiel das Kochsalz. Für Hahnemann waren
damit nebenbei noch zwei weitere Probleme aus der Welt:

Praktischer Nutzen der Potenzierung

- Man konnte nun auch giftige Heilmittel unbesorgt anwenden.
- Man schwächte einen Patienten durch eine solche Arznei-
behandlung nicht.

Das wäre auch aus allöopathischer Sicht sicher wünschenswert gewesen. (Auf das Problem der beschriebenen Potenzierung aus naturwissenschaftlicher Sicht gehe ich ausführ-

lich im nächsten Kapitel ein.) Und vielleicht machten Hahnemann diese positiven Punkte, in denen er sich deutlich von den Missständen der damaligen Medizin abhob, blind für die Mängel seiner Theorie. Auch heute noch ist dies ein Problem des medizinischen Fortschritts: Eine scheinbar geniale Idee führt zu einer Art blindem Fleck für die Mängel derselben. Nicht zuletzt deshalb ist die medizinische, die naturwissenschaftliche Forschung heute von so großer Bedeutung: Sie macht sich auf die Suche nach den blinden Flecken neuer und alter Theorien (Kahneman 2012).

Die homöopathische Diagnose, das Prinzip der Ähnlichkeit und die homöopathische Arzneimittelprüfung

Der Homöopathie wird gerne vorgeworfen, sie erstelle keine Diagnose. Dies ist nicht ganz richtig. Sie erstellt in der Tat keine Diagnose, die sich in einem Wort ausdrücken lässt, wie wir es von der wissenschaftlichen Medizin gewohnt sind. Die Diagnose in der Homöopathie ist das Patienten-Bild. Dieses wird nach den verschiedenen Anamnese-Prinzipien, die ich kurz vorgestellt habe, in der homöopathischen Anamnese erstellt. Dabei integriert man alle Äußerungen des Patienten über seine Symptome, aber darüber hinaus auch Besonderheiten seines Lebens, seines Charakters, seiner Gemütszustände und Empfindungen in Hinblick auf Beschwerden in der Vergangenheit oder in der Familie etc. in ein Gesamtbild. Ein Patient präsentiert also immer *ein* Bild.[3] Dieses eine Gesamtbild wird dann mit einem Arzneimittelbild abgeglichen, das wiederum all diese Aspekte umfassen soll. Das Arzneimittelbild soll dem Patienten-Bild so ähnlich wie möglich sein. Das ist das Grundprinzip der Homöopathie: das Prinzip der Ähnlichkeit.

Das Prinzip der Ähnlichkeit

Ähnlichkeit bedeutet in der Homöopathie, dass man mit einem Medikament, das bei einem Gesunden bestimmte Symptome erzeugt, eine Krankheit heilen kann, die ähnliche Symptome oder Zustände aufweist. Dies geschehe laut Hahnemann, indem das Medikament im Patienten eine ähnliche Kunst-Krankheit hervorruft, die sein Körper dann verarbeitet und daraufhin die eigentliche Krankheit überwindet.

Hahnemann selbst beschreibt das Prinzip in seinem *Organon* so:

> … daß wirklich diejenige Arznei, welche in ihrer Einwirkung auf gesunde menschliche Körper die meisten Symptome in Ähnlichkeit erzeugen zu können bewiesen hat, welche an dem zu heilenden Krankheitsfalle zu finden sind, in gehörig potenzirten und verkleinerten Gaben auch die Gesammtheit der Symptome dieses Krankheitszustandes,

---

[3] Ein Abkürzen dieses Prozesses der Arzneimittelfindung ist eigentlich nicht statthaft, wird aber der Einfachheit halber (gerade bei Laienanwendung) oft praktiziert. Da wird dann für Symptom A Medikament A und für Symptom B Medikament B gegeben. So ist die Homöopathie von Hahnemann *nicht* gedacht gewesen, denn die Homöopathie denkt nicht in Symptomen, sondern in Patienten- und Arzneimittelbildern. Diese sind teilweise sehr komplex und gehen weit über ein Symptom hinaus. Für einen Patienten (und sein Patienten-Bild) kann es im Sinne der klassischen Homöopathie immer nur *ein* Arzneimittel geben.

das ist, die ganze gegenwärtige Krankheit, schnell, gründlich und dauerhaft aufhebe und in Gesundheit verwandle, und daß alle Arzneien, die ihnen an ähnlichen Symptomen möglichst nahe kommenden Krankheiten, ohne Ausnahme heilen und keine derselben ungeheilt lassen.
Hahnemann 2005, *Organon,* Paragraph 25

Eine schwächere dynamische Affection wird im lebenden Organism von einer stärkern dauerhaft ausgelöscht, wenn diese (der Art nach von ihr abweichend) jener sehr ähnlich in ihrer Äußerung ist.
Hahnemann 2005, *Organon,* Paragraph 26

Die größere Stärke der durch Arzneien zu bewirkenden Kunst-Krankheiten ist jedoch nicht die einzige Bedingung ihres Vermögens, die natürlichen Krankheiten zu heilen. Es wird vor Allem zur Heilung erfordert, daß sie eine der zu heilenden Krankheit möglichst ähnliche Kunst-Krankheit sei, die, mit etwas stärkerer Kraft, das instinktartige, keiner Ueberlegung und keiner Rückerinnerung fähige Lebensprincip in eine der natürlichen Krankheit sehr ähnliche, krankhafte Stimmung versetze, um in ihm das Gefühl von der natürlichen Krankheits-Verstimmung nicht nur zu verdunkeln, sondern ganz zu verlöschen, und so zu vernichten.
Hahnemann 2005, *Organon,* Paragraph 34

Das bedeutet, dass ein Medikament, das bei einem Gesunden bestimmte Symptome erzeugt, eine Krankheit heilen kann.

Das Prinzip der Ähnlichkeit lässt sich kurz etwa so erklären: Stellen Sie sich Ihren Zustand vor, wenn Sie zu viel

Kaffee getrunken haben. Es zeigen sich Symptome wie Herzklopfen, Schwitzen, aber auch innere Rastlosigkeit, Anspannung und Nervosität. Kämen Sie so als Patient zu mir in die Praxis, so könnte ich in Ihrem Patienten-Bild eventuell das Arzneimittelbild „Kaffee" (*Coffea cruda*) erkennen und Ihnen dieses als homöopathisches Arzneimittel verabreichen. In Ihrem Körper würde dann sozusagen die „Kaffee-(Überdosierungs-)Krankheit" vorgetäuscht (Kunst-Krankheit). Der Körper leitet dann – laut Hahnemann – die nötigen Gegenmaßnahmen ein, um den Körper wieder gesund zu regulieren (Selbstheilung). Ich würde Ihnen also kein Mittel geben, das die Herzfrequenz verlangsamt (z. B. einen konventionellmedizinischen Betablocker). Hahnemann gibt an, dass sonst die Symptome nur verdrängt würden und nicht die eigentliche Ursache behandelt.[4]

Erstellt wurden (und werden) die Arzneimittelbilder folgendermaßen:

Wie Arzneimittelbilder zustande kommen

Eine gesunde Person nimmt das Arzneimittel (bzw. den Wirkstoff) ein, in der Regel in bereits potenzierter Form, gelegentlich aber auch in der Ursprungsform. Nun werden die Veränderungen im körperlichen und emotionalen Bereich, aber auch im Empfindungsbereich aufgezeichnet. Man nennt dies die Arzneimittelprüfung; Hahnemann hat

---

[4] Ein vielleicht nicht ganz von der Hand zu weisender Gedanke, wenn man bedenkt, dass die meisten konventionellmedizinischen Medikamente dauerhaft eingenommen werden müssen, damit die Symptome nicht zurückkehren (z. B. bei Bluthochdruck-Therapie oder Schmerz-Therapie).

sie ausführlich in seinem Werk *Reine Arzneimittellehre* erklärt. In einem gesonderten Kapitel gehe ich darauf noch ein.

Je nach Deutlichkeit und Häufigkeit der bei der Prüfung aufgetretenen Symptome wird eine Bewertung vorgenommen. Besonders typische und bei fast allen Prüfern aufgetretene Symptome erhalten eine hohe, andere eine geringere Wertigkeit. Die Ergebnisse der Prüfungen fließen in die Repertorien ein.

Dass dies trotz allem homöopathischen Wollen und dem Versuch einer Standardisierung ein sehr wackeliges Vorgehen ist, sei bereits an dieser Stelle gesagt. Es gibt auch in dieser Hinsicht kein einheitliches Bild – viel weniger, als Außenstehende vielleicht annehmen. Es gibt Traumprüfungen, Prüfungen mit Ursprungssubstanzen, solche mit bereits potenzierten Arzneimitteln, reine Frauen-Prüfungsgruppen und mehr. Jede Prüfungsgruppe gelangt womöglich zu einem etwas anderen Arzneimittelbild. Zwar übernimmt man dann nur die Kennzeichen mit der größten Übereinstimmung, aber auch dabei gibt es je nach Repertorium, Materia medica oder homöopathischer Schule deutliche Unterschiede! Dies führt dazu, dass eine homöopathische Diagnose eben doch nicht immer so eindeutig ist, wie wir es gerne hätten oder wie es die Homöopathen gerne nach außen hin darstellen. Denn die Auffassungen von den Prüfungsergebnissen und später die Arzneimittelbilder gehen innerhalb der Homöopathie weit auseinander. Als wäre dies nicht schon problematisch genug, bleibt dem jeweiligen Homöopathen zusätzlich noch Raum für die Interpretation, wenn er einen Patienten vor sich hat, der ihm seine Symptome etc. schildert.

Eine Diagnose wird in der Homöopathie also gestellt. Sie ist aber, jedenfalls meistens, bei weitem nicht so verlässlich und aussagekräftig wie in der wissenschaftlichen Medizin. Das ist in der Homöopathie ein ebenso großes Problem wie die Theorie der Arzneimittelprüfung, auf die ich noch eingehen werde.

Die Empfindungsmethode in der Homöopathie

Um abschließend zu klären, wovon *ich* spreche, wenn ich von der Homöopathie spreche, möchte ich klarstellen: Ich wende in meiner Praxis, neben der klassischen Homöopathie nach Hahnemann, eine bestimmte Form der Homöopathie an: die sogenannte Empfindungsmethode[5]. Ich nutze diese Methode, weil sie die Grundzüge der klassischen Methode beibehält, sich aber deutlich strukturierter und gezielter anwenden lässt und gleichzeitig mit vielen alten Mythen aufräumt. Andere Schulen in der Homöopathie bieten keine so klare Anamnese- und Entscheidungsstruktur und lassen dem Therapeuten dadurch einen zu großen subjektiven Spielraum.

Von Anfang an hatte mich an der Homöopathie gestört, dass es keine nachvollziehbare Entscheidungsgrundlage für *ein* Medikament gab. Während Therapeut A überzeugen-

---

[5] „Empfindungsmethode" – das klingt ziemlich unwissenschaftlich. Es ist auch keine wissenschaftliche Methode! Ich gehe später darauf ein, welche Vorteile diese Methode eventuell dennoch bietet.

de Argumente für Medikament A hatte, kam Therapeut B beim gleichen Patienten auf ein ganz anderes Medikament. Noch dazu konnte ein Homöopath, der seit dreißig Jahren praktizierte, tausend Medikamente kennen und verordnen, ein jüngerer Kollege vielleicht gerade mal zwanzig. Beim Repertorisieren war es möglich, dass ganz etwas anderes herauskam, selbst wenn der gleiche Therapeut am Werk war, aber die Symptome unterschiedlich gewichtete. Welches Medikament war nun also zu geben? Welche „Diagnose" war zu stellen, nachdem ich mich über zwei Stunden mit dem Patienten beschäftigt hatte?

Nachdem ich bei einem Seminar von einem führenden modernen Homöopathen auf meine Frage zur Antwort bekommen hatte, man müsse das eben auch „im Gefühl haben" und seiner Intuition vertrauen, begab ich mich auf die verzweifelte Suche nach einer Methode mit einem klaren Konzept zur Arzneimittelfindung. Wenn Hahnemann propagiert hatte, dass es für jeden Fall nur *ein* Medikament zur Heilung gibt (da ein Patient ja nur *ein* Gesamtbild präsentiert), dann musste sich dieses doch eindeutig und nachvollziehbar finden lassen. Wenn es unter vielen ähnlichen Medikamenten (*simile*) nur *ein* ähnlichstes (*similimum*) gibt, dann müsste dieses klar und logisch von den anderen abzugrenzen sein. Mit der von Rajan Sankaran entwickelten Empfindungsmethode ging dieser Wunsch zunächst in Erfüllung.

Dr. Rajan Sankaran ist ein indischer Homöopath. Er begründete die Empfindungsmethode, da bei vielen Krankheiten die klassische Anamnese schnell an ihre Grenzen stößt. Insbesondere bei mentalen Problemen, wie Angstzuständen, Neurosen etc., ist es dem Patienten oft nur schwer möglich, konkrete Symptome zu benennen, so dass das Krankheitsbild unscharf bleibt. Sankaran hat eine Methode entwickelt, bei der der Patient sein Leiden in Bildern und Metaphern auf der Gefühlsebene beschreibt. Dazu gehört auch die Beschreibung seines Empfindens, seiner Träume, der Wahrnehmung seiner Umwelt. Auf diese Weise wird ein Bild des Patienten gewonnen, das ein Muster in seinem Leben deutlich macht. Dieses Muster kann gestört sein oder es kann als Muster den Patienten behindern oder krank machen. Indem dieses Muster in der Behandlung adressiert wird, wird der Patient als Ganzes besser behandelt als bei der Konzentration auf Symptome.

Wikipedia, Stichwort Rajan Sankaran

Die Grundidee der Empfindungsmethode

Viele Menschen erleben ihre Erkrankung, aber zum Beispiel auch ihre Lebenssituationen, mit einer ganz bestimmten grundlegenden Empfindung. Meist ist ihnen diese Empfindung nicht bewusst. Die Empfindung betrifft sowohl das Erleben körperlicher Symptome als auch das Erleben emotionaler und geistiger Herausforderungen oder Stresssituationen. Eine solche Empfindung zieht sich durch alle Ebenen des individuellen menschlichen Daseins. Wird diese Empfindung in der Anamnese offensichtlich, so hilft sie dem Homöopathen, das möglichst spezifische Similimum zu finden, das ähnlichste Mittel. Die Empfindung ist sozusagen das i-Tüpfelchen, das das Patienten-Bild zu einer Kern-Empfindung kondensiert.

Diese Kern-Empfindung (in unserem Eingangsbeispiel: „Ich erlebe mich immer so eingeschnürt und gefangen und möchte gerne frei sein") lässt sich in der Regel in einem Satz ausdrücken. Das macht die Diagnose nun deutlich präziser.

In einer Empfindungsmethoden-Materia-medica fänden sich zu dem im Eingangsbeispiel erwähnten Medikament Rhus toxicodendron also zusätzliche andere Informationen.

Die Kern-Empfindung könnte folgendermaßen sein: gefangen, feststeckend und festgehalten in einer Situation, aus der man schnellstens herauskommen muss. Das zentrale Empfinden dreht sich um Gefangensein oder Steifsein, darum, eingeschränkt zu sein. Vorfindbar sind das Gefühl, festzustecken, und der Wunsch nach Bewegung (Sankaran 2003).

Klare Konzepte zur Anamnese-Führung, zur Fall-Aufarbeitung und Arzneimittelfindung machten es mir mit der Empfindungsmethode möglich, eine Diagnose eindeutiger zu stellen als mit der klassischen Homöopathie. Das mitunter sehr komplexe Patienten-Bild lässt sich zu einer Kern-Empfindung zusammenfassen. Dies machte diese Methode in der Vergangenheit sehr wertvoll für mich, und sie war die Basis meiner homöopathischen Tätigkeit. Entscheidend für mich ist heute jedoch vor allem, dass diese Methode einen gezielten Zugang zu den mentalen Beschwerden eines Patienten bietet und ihn dort eine Kern-Problematik erkennen lässt. Ich gehe später ausführlich darauf ein. Für einen weiteren Vorteil der Methode hielt ich, dass es Anweisungen und Lehrveranstaltungen zur Anamneseführung gibt, die einem klaren Konzept folgt. Die Anamnese wird als eine Art Nachverfolgen des vom Patienten assoziierten roten Fadens aufgefasst, zum Beispiel durch die Beschreibung von Körperempfindungen, eine sehr offene Fragetechnik, Widerspiegeln der vom Patienten verwendeten Worte, Arbeit mit spontanen Handgesten und den sogenannten *Doodles* (spontanen Kritzeleien).

Bei dieser Methode wird das, was der Patient sagt, paraphrasiert (also mit eigenen Worten wiedergegeben: Sie sagten, Sie fühlten sich gefangen?) oder durch offene Fragen oder Aufforderungen ergänzt (Erzählen Sie noch etwas mehr zu: Sie fühlen sich gefangen). Ziel der Anamnese ist es, den Patienten zu bisher unbewussten Empfindungen hinzuführen, indem man ihm seine Aussagen möglichst unverfälscht zurückspiegelt und bewusst nicht lenkend eingreift. Dies soll eine möglichst große Objektivität aufseiten des Homöopathen gewährleisten, der sich mit seiner eigenen Meinung und Bewertung ganz zurückhält und dem Patienten konzentriert und aktiv zuhört. Ähnliches ist aus der Psychotherapie bekannt, zum Beispiel das aktive Zuhören nach Carl Rogers (Wikipedia, Stichwort Aktives Zuhören).

Literatur

Arzneimittelgesetz in der Fassung der Bekanntmachung vom 12. Dezember 2005 (BGBl. I S. 3394), Paragraph 38 ff. (Zulassung homöopathischer Arzneimittel)

Aust N (2013) In Sachen Homöopathie – eine Beweisaufnahme. 1–2-Buch, Ebersdorf

Hahnemann S (2013) Die chronischen Krankheiten. 2. Aufl. Narayana, Kandern

Hahnemann S (2007) Gesamte Arzneimittellehre (enthält Reine Arzneimittellehre). Haug, Stuttgart

Hahnemann S (2005) Organon der Heilkunst. 6. Aufl. Marix, Wiesbaden (faksimilierte Erstausgabe von 1810 online unter http://www.deutschestextarchiv.de/book/view/hahnemann_organon_1810?p=1. Zugegriffen: 6. Oktober 2014)

Homöopathisches Arzneibuch (2013) Deutscher Apotheker Verlag

Hopff W (1991) Homöopathie kritisch betrachtet. Thieme, Stuttgart

Kahneman D (2012) Schnelles Denken, langsames Denken. Siedler, München

Sankaran R (2009) Das andere Lied, Die Entdeckung des parallelen Ich. Homoeopathic Medical Publishers, Indien, Mumbai

Sankaran R (2005) Die Empfindung, Verfeinerung der Methode. Homoeopathic Medical Publishers, Indien, Mumbai

Sankaran R (2003) Das Geistige Prinzip der Homöopathie. Homoeopathic Medical Publishers, Indien, Mumbai

Sankaran R (2003): Einblicke ins Pflanzenreich, Bd. 1 (Anacardiaceae). Homoeopathic Medical Publishers, Indien, Mumbai

Schmidt-Salomon M (2014) Hoffnung Mensch, Eine bessere Welt ist möglich. 2. Aufl. Piper, München

Verwendete Webseiten

www.bfarm.de. (Bundesinstitut für Arzneimittel und Medizinprodukte, auch für homöopathische Arzneimittel zuständig). Zugegriffen: 22. Oktober 2014

www.repertorium-online.de. Zugegriffen: 6. Oktober 2014

Wikipedia, Stichwort Aktives Zuhören. Zugegriffen: 6. Oktober 2014

Wikipedia, Stichwort Homöopathie. Zugegriffen: 6. Oktober 2014

Wikipedia, Stichwort Humoralpathologie. Zugegriffen: 6. Oktober 2014

Wikipedia, Stichwort Medizingeschichte. Zugegriffen: 6. Oktober 2014

Wikipedia, Stichwort Naturalismus (Philosophie). Zugegriffen: 7. Oktober 2014

Wikipedia, Stichwort Samuel Hahnemann. Zugegriffen: 6. Oktober 2014

Wikipedia, Stichwort Rajan Sankaran. Zugegriffen: 6. Oktober 2014

Wikipedia, Stichwort Signaturenlehre. Zugegriffen: 6. Oktober 2014

Yamedo, Online Materia medica: www.yamedo.de. Zugegriffen: 6. Oktober 2014

3

Ist die Homöopathie Teil der heutigen Medizin?

Wozu brauchen wir die Wissenschaft überhaupt?

Die Homöopathie ist heute ein Teil der Medizin. Zwar mit dem Sonderstatus der „besonderen Therapierichtung", aber ein mehr oder weniger akzeptierter Teil der Medizin. Auch von immer mehr Krankenkassen wird die Homöopathie mittlerweile getragen. Aber können wir das gelten lassen? Ist die Homöopathie Teil der Medizin, deren Grundlage heute die Naturwissenschaft ist? Deren Nachweisverfahren sich seit Hahnemann stetig weiterentwickelt haben und dem aktuellen Forschungsstand angemessen sind? Mit dieser Problematik möchte ich mich in diesem Kapitel auseinandersetzen.

Sie, die Leserin und der Leser, ob Sie dieses Buch nun auf einem E-Book-Reader oder in gedruckter Version lesen, erfahren gerade unmittelbar, wozu wir die Wissenschaft brauchen. Sie hat es uns ermöglicht, Dinge für das alltägliche Leben zu entwickeln und nutzbar zu machen: den Strom, der für das E-Book nötig ist, genauso wie die Computertechnologie, mit der man es entwickelt hat. Der Buchdruck

© Springer-Verlag GmbH Deutschland 2018
N. Grams, *Homöopathie neu gedacht,*
https://doi.org/10.1007/978-3-662-55549-1_3

und die dazu nötigen Druckmaschinen sind wissenschaftlicher Denke zu verdanken. Es handelt sich also nicht um etwas Abstraktes und Weltfremdes, sondern um eine Methode, die tatsächlich Wissen schafft. Daraus lässt sich oft auch ein praktischer Nutzen ziehen.

Die Wissenschaft stellt Hypothesen auf, die nach immer weiter entwickelten Prinzipien überprüft werden und die der Besonderheit ihres Forschungsgegenstands gerecht werden. Dabei geht es darum, Hypothesen so einfach und so verständlich wie möglich zu formulieren und sie einer unabhängigen Überprüfung vorzulegen – sprechen die Ergebnisse für die Hypothese oder lässt sie sich widerlegen? Dabei stellt sich oft heraus, dass nicht unbedingt die Hypothese zu einer Weiterentwicklung führt, sondern vielmehr die kritische Auseinandersetzung mit ihr und der konkrete Versuch, die neue These zu widerlegen. Manchmal bewegen sich Hypothesen außerhalb der gängigen Lehrmeinung (so wie seinerzeit Galileos neues Weltbild); gerade dann aber sollte man alle Gründe für diese Position klar darlegen und unabhängig überprüfen. Es geht dabei also nicht darum, recht zu haben, sondern darum, die Wahrheit herauszufinden oder sich ihr in einem Konsens zumindest zu nähern. Wissenschaft ist deshalb so wichtig, weil man mit ihr in vielen Fällen entscheiden kann, ob eine Hypothese, Ansicht oder Idee wahr oder falsch ist (Wikipedia, Stichwort Wissenschaft).

Es geht nicht darum, einmal gewonnene Erkenntnisse fest zu zementieren. Gerade das skeptische Herangehen an das vermeintlich bereits gesicherte Wissen treibt die Wissenschaft dazu, dieses Wissen immer wieder neu infrage zu stellen (oder stellen zu lassen) und daraus zu vorübergehend besten Lösungen oder Festlegungen zu gelangen.

In der Medizin sind durch dieses wissenschaftliche Herangehen die biologischen, chemischen, physikalischen, neurologischen, immunologischen etc. Grundlagen entstanden, die heute unser Krankheitsverstehen prägen und die zu etablierten und gesicherten Therapien geführt haben. Sie entwickeln sich stetig weiter. EKG, Röntgen, CT, MRT, Antibiotika, mikroinvasive Operationstechniken, Sterilisation und Desinfektion – ohne Wissenschaft und Forschung hätten wir all dies nicht.

Natürlich kommt es in dieser Forschung auch zu Fehlschlüssen und Irrtümern. Wer sich einmal vor Augen hält, wie viele Voreingenommenheiten und Denkfehler in diesem Bereich möglich sind, fragt sich, wie es überhaupt zu verlässlichen Ergebnissen kommen kann (Herrmann 2013; Dobelli 2011; Wikipedia, Stichwort Wissenschaft). Der Weg der Wissenschaft ist umständlich und quälend langsam – aber dieses Verfahren ist das bisher beste, um Fehler zu vermeiden, vorgefassten Meinungen nicht aufzusitzen und was es für sonstige Quellen für Irrtümer gibt. Die Wissenschaft macht es sich also zur Aufgabe, keine vorschnellen intuitiven Schlüsse zu ziehen, sondern den langsamen, logischen Weg der konsequenten Beweisführung (oder der Widerlegung) zu gehen (Kahneman 2012). So können Irrtümer und Fehlannahmen zwar zunächst auftreten, später aber lassen sie sich je nach neuem Kenntnisstand überprüfen und gegebenenfalls korrigieren. Gerade dieser Grundsatz, das Erkannte immer wieder infrage zu stellen und sich neuem Wissen anzupassen, kennzeichnet das Wesen der Wissenschaft. Dass mit dem Wissen, das die Wissenschaft erarbeitet hat, in der Praxis auch Übles getrieben wird, sehen wir in unserem normalen medizinischen Alltag leider nur allzu oft. Dafür kann aber der Ansatz der Wissenschaft nichts.

Wie sieht es nun mit der Homöopathie und der Wissenschaft aus?

Die Lehrsätze, die Hahnemann in seinem *Organon* aufstellte, mögen zu seiner Zeit durchaus überzeugend und attraktiv gewesen sein. Nur war Hahnemann wissenschaftlich in seiner Zeit gefangen. Die Methodiken, die wir heute als wissenschaftlich betrachten, gab es zu seiner Zeit noch nicht, weder in der Mathematik noch in der Physik noch in der Wissenschaftstheorie der Medizin. Hahnemann veröffentlichte alle seine Erkenntnisse und Schlussfolgerungen; im *Organon* und in den *Chronischen Krankheiten* führt er eine ganze Reihe von Begründungen an, die ihn zu seinen Schlussfolgerungen bewogen haben. Dass er auf Kritik mitunter recht heftig reagierte und auch keinen besonders sachlichen Diskussionsstil pflegte, steht auf einem anderen Blatt. Er war wohl so sehr davon überzeugt, recht zu haben, dass er eine Überprüfung schlicht für überflüssig hielt. Zu seiner Zeit mag das akzeptabel gewesen sein; heute aber tun wir Homöopathen es ihm immer noch gleich. Die Wirkung unserer Globuli sei nicht so leicht zu erklären, behaupten wir, oder wir erklären die Wirkung so, dass sie keiner versteht. Wir nehmen nicht zur Kenntnis, dass andere Faktoren oder der Zufall für eine Veränderung nach Einnahme der Globuli verantwortlich sein könnten. Wir sperren uns gegen eine sachliche Diskussion unserer Ideen und Grundsätze. Gleichzeitig aber wollen wir mit unseren Behandlungspraktiken Teil der Medizin sein und von dieser (und den Krankenkassen) anerkannt werden.

> Die Gleichung Homöopathie = Medizin = Naturwissenschaft geht heute nicht mehr auf, weil sich die Methodiken der Wissenschaft und das medizinische Wissen weiterentwickelt haben.

Wenn wir der Gleichung gerecht(er) werden möchten, müssen wir Folgendes tun: Wir müssen unsere Hypothesen infrage stellen und überprüfen (lassen), was daran wahr und was falsch ist. Wir stellen sie zur Diskussion. Es gibt Punkte, die bereits widerlegt sind; ich werde sie nennen. Es gibt Punkte, die wir eventuell neu bewerten können; auch auf diese komme ich zu sprechen. Es gibt Punkte, die positiv sein könnten. Und es gibt Punkte, die ich bei meinen Überlegungen möglicherweise noch nicht bedacht habe. Der Weg ist in jedem Fall weit. Ich möchte diesen Weg mit meiner persönlichen Geschichte beginnen, um meine Motivation zu erklären.

Zur persönlichen Situation: Im Konflikt mit der Naturwissenschaft

Dieses Unterkapitel beschreibt auch meinen eigenen Weg. Ich studierte Medizin, weil mich die Idee begeisterte, Menschen auf ihrem Weg zur Gesundung zu begleiten. Im

Studium war ich noch von diesem Ideal beseelt. Mit zunehmender klinischer Tätigkeit ernüchterte mich der reale Umgang mit Patienten (Menschen) im ärztlichen Alltag. Auch ich selbst hatte nach einem schweren Unfall psychosomatische Beschwerden, die sich nicht mit gängigen medizinischen Methoden klären oder behandeln ließen. Und so wendete ich mich zunächst der Traditionellen Chinesischen Medizin zu. Schließlich gelangte ich zur Homöopathie, die ich bereits aus einer Studentengruppe kannte.

Während meiner klinischen Tätigkeit konnte ich die Homöopathie nur nebenbei ausüben. Aber ich verbrachte zumindest die Wochenenden damit, mich in der Methode und ihren vielen Unterformen weiterzubilden und privat eigene Patienten zu behandeln. Erst einige Jahre später machte ich mich mit einer rein homöopathischen Praxis selbstständig. Hier konnte ich so arbeiten, wie ich es mir vorgestellt hatte: Patienten in ihrer persönlichen Entwicklung begleiten. Der Traum schien erfüllt. Doch leider schwand meine totale Überzeugung schon bald.

Ich hatte mich seit meinem Studium immer nur um eine Verbesserung meiner Fähigkeiten und meines Wissens *innerhalb* der Methode bemüht und zunächst alle Zweifel, die von außen kamen, abgetan. Mit rein naturwissenschaftlichem Denken war eben nicht die ganze Welt – und schon gar nicht die Homöopathie – zu erklären! Ich übernahm viele Glaubenssätze der Homöopathie, auch, weil ich gerne glauben wollte. Denn erstens war dies ja mein Traum, und zweitens sah ich nun täglich, dass Patienten von der Behandlung profitierten. Meine Zweifel wurden stärker, als sich mein wissenschaftlicher Anteil mit den Hintergründen zu beschäftigen begann. Ich las die Studien, die so oft zitiert wurden, und viel anderes Material und merkte, dass die Naturwissenschaftler gar nicht so schlecht über die Homöopathie dachten wie die Homöopathen über die Naturwissenschaften. Nur leider hatten die Naturwissenschaftler einfach die besseren Argumente. Bitte lesen Sie die unten angegebenen Quellen einmal selbst. Ich kann es nicht besser erklären, als dort bereits geschehen.

Es war ein hartes Jahr, das mich zwang, die leider nicht so rosigen Tatsachen anzuerkennen: Es sprechen eigentlich keine wissenschaftlichen Argumente *für* die Homöopathie. Vor allem schien eines leider wahr zu sein: In den homöopathischen Medikamenten ist nichts drin, das man für eine Wirkung verantwortlich machen kann. Schon gar nicht haltbar ist Hahnemanns Theorie, es befände sich eine Energie oder ein Geist darin. Nur, warum kamen immer noch Patienten zu mir? Und, noch erstaunlicher, warum gingen sie gesund wieder weg?

Die Beschäftigung mit dieser Frage hat zu diesem Buch geführt. Was ich in der bisherigen Literatur zu lesen fand, bewegte sich in bekanntem Rahmen: Es herrscht ein alter Grabenkampf zwischen „Sie wirkt! Wir wissen zwar nicht warum, aber wir wissen es einfach!" und „Es ist nichts drin, also ist auch nichts dran!". Überzeugte Patienten und Therapeuten setzen eine Wirksamkeit der Homöopathie voraus und sehen sich durch die erfolgreiche Behandlung bestätigt. Naturwissenschaftler und Homöopathie-Kritiker führen dagegen an, dass Medikamente, in denen kein Wirkstoff – und erst recht keine Energie oder gar ein Geist – nachweisbar seien, nicht helfen könnten. Außerdem sei der Zusammenhang zwischen Globuli-Gabe und einer Veränderung des Patienten kein kausaler. Allenfalls gesteht man der Homöopathie als Gesamtpaket zu, durch ein gutes Arzt-Patient-Verhältnis und die intensiven Gespräche einen positiven Effekt zu haben. Für die Arzneimittel könne man einen allgemeinen Placebo-Effekt gelten lassen (Ernst 2002; Shang et al. 2005).

In dieser Lage befindet sich die Homöopathie seit ihrer Geburtsstunde. Ich möchte in diesem Buch einen Weg zeigen, aus dieser Endlos-Diskussion auszusteigen. Dafür musste ich mich als Homöopathin auf den Weg machen und meine eigene Methode infrage stellen. Zum Ausgangspunkt nahm ich die häufigsten Einwände der Homöopathie-Kritiker und ging konkret den folgenden Kritikpunkten an der Homöopathie nach:

- Ab einer Potenz D6 kann in den homöopathischen Medikamenten kaum mehr ein Wirkstoff nachgewiesen werden, den man für eine physiologische Wirkung verantwortlich machen kann. (Die Verdünnung ist mit 1:1.000.000 zu hoch, um genügend Ursprungssubstanz darin zu finden.) Alle noch höher potenzierten homöopathischen Arzneimittel sind sicher wirkstofffrei.
- Schon gar nicht nachweisen lässt sich in allen verwendeten Potenzen die von Hahnemann so benannte potenzierte „geistartige Heil-Energie".
- Es gibt keine „Lebenskraft" so wie Hahnemann sie sich vorstellte.
- Es gibt kein Prinzip der Ähnlichkeit in der Natur.
- Die homöopathische Arzneimittelprüfung ist nach wissenschaftlichen Gesichtspunkten unplausibel und unhaltbar.

- Es gibt keine Studien, die eine Wirkung der Homöopathie tatsächlich und zweifelsfrei belegen; allenfalls ein unspezifischer Placebo-Effekt kann auftreten.
- Die Theorie der Homöopathie hat insgesamt keine naturwissenschaftliche Grundlage und kann deshalb nicht Teil unserer Medizin sein.

Lange habe auch ich geglaubt, dass der Fehler aufseiten der Naturwissenschaft liegen müsse. Sie habe eben noch nicht die richtigen Methoden und Maßstäbe entwickelt oder entdeckt, die sie die Homöopathie im vollen Verständnis ihrer Wirkung beurteilen lasse. Verbohrte Wissenschaftler *wollten* einfach nicht, dass an der Homöopathie etwas dran ist. Pharmakonzerne wollten das nicht und boykottierten deshalb entsprechende Forschungsergebnisse. Lange blieb die Hoffnung, dass die Naturwissenschaft eben doch nicht der Weisheit letzter Schluss wäre. Es gibt eben Dinge – hier wird gern Shakespeare zitiert – zwischen Himmel und Erde, die sich nicht naturwissenschaftlich erklären lassen. Jede Studie lässt sich doch manipulieren, und nach dem Motto „Traue nur der von dir selbst gefälschten Statistik" kann die wissenschaftliche Medizin hier doch auch nicht mehr bieten. Aber das dachte ich nur so lange, bis ich mich selbst damit beschäftigt hatte.

Eines ist sicher: Weder konnte bislang eine den modernen wissenschaftlichen Kriterien genügende Studie nachweisen, dass die Homöopathie tatsächlich eine Wirkung hat, die über einen Placebo-Effekt hinausgeht (Ernst 2002; Shang et al. 2005), noch lassen sich ihre Prinzipien wissenschaftlich (oder auch nur allgemeinverständlich) erklären.

Das hat mich motiviert, der Sache auf den Grund zu gehen. Auch deshalb, weil ich meinen Patienten nichts anbieten wollte, das so angreifbar und teilweise sogar wirklich falsch sein könnte. Patienten müssen sich darauf verlassen können, dass das, was wir ihnen anbieten, sicher und richtig ist. Sie selbst müssen sich natürlich nicht mit der wissenschaftlichen Beweisführung etc. auseinandersetzen. Es ist an uns, das zu tun. Den Punkten, die sich nach naturwissenschaftlichem Herangehen an der Homöopathie als falsch oder sehr angreifbar gezeigt haben, möchte ich mich deshalb in den folgenden Kapiteln widmen.

Geistartige Energie und fehlender Wirkstoff – das Problem der potenzierten Medikamente in der Homöopathie

Ausgangsbasis ist: In der Naturwissenschaft ist *Energie* ein absolut feststehender Begriff mit klar definierter Bedeutung, nämlich „Fähigkeit zum Verrichten von Arbeit". Demzufolge handelt es sich aus naturwissenschaftlicher Sicht nicht um Energie, worüber da in der Homöopathie gesprochen wird. Trotz aller Forschungen in Medizin und Biologie hat man noch keine körperliche Manifestation einer solchen Kraft gefunden (Aust, persönliche Mitteilung, August 2014). Eine Energie oder ein Geist lässt sich auch in keinem homöopathischen Medikament nachweisen.

Das gerne verwendete Wort „feinstofflich" ist ebenfalls schlicht und einfach falsch. Der Anteil eines materiellen

Wirkstoffes ist in den Potenzen spätestens ab einer D6 zu gering, um für eine Wirkung verantwortlich sein zu können (Lambeck 2005). Und etwas anderes ist nicht drin. Zu Hahnemanns Entschuldigung sei gesagt: Die meisten physikalischen Gesetze und chemischen und physiologischen Grundlagen, aber auch die Möglichkeit von Molekül-Nachweisen waren zu seiner Zeit noch gar nicht bekannt. Er hatte also gar keine Möglichkeit, seine Theorien wirklich zu überprüfen (wenn er es denn gewollt hätte). Das unterscheidet unseren heutigen Standpunkt von seinem damaligen grundlegend.

Ausgangsbasis ist auch: Die homöopathischen Arzneimittel wirken angeblich energetisch oder über einen darin enthaltenen sogenannten Geist oder eine Art Information. Hahnemann sprach den Homöopathika diese Besonderheit zu, weil er davon ausging, dass der Prozess der Dynamisierung bzw. Potenzierung zu einem solchen Phänomen führen könne. Die materiellen Anteile werden angeblich weggeschüttelt, die geistartig-energetischen Anteile freigeschüttelt. Je höher die Potenzierungsstufe, umso weniger materieller, aber umso mehr dynamisierter Wirkstoff soll enthalten sein. Stellvertretend für viele ähnliche Aussagen, wie Homöopathen sich die Wirkung ihrer Medikamente erklären, möchte ich hier einen anonymen Online-Beitrag zitieren; ich habe bewusst einen ganz landläufigen Beitrag gewählt:

> Die Kügelchen heißen eigentlich Globuli. Sie unterliegen einer besonderen Methode der Herstellung, der Potenzierung. Ein Beispiel: In einem Fläschchen Belladonna D12 ist so viel Urtinktur Belladonna (Tollkirsche), als hättet ihr einen Tropfen davon in den Bodensee gegeben, umgerührt

und das Bodenseewasser in Fläschchen gefüllt. Belladonna D12 bedeutet also rechnerisch, dass ein Tropfen der Urtinktur mit 1 Million mal 1 Million Tropfen Verdünnungsmittel vermischt wird. Dies wäre aber nur eine ganz normale Verdünnung. Sie könnte nie bewirken, was das Homöopatikum Belladonna D12 vermag. In der Homöopathie wird ein Mittel nicht einfach verdünnt oder verwässert, sondern potenziert. Was bedeutet das? Es wird 1 Tropfen der Urtinktur mit 9 Tropfen Alkohol gemischt. Diese Mischung erhält 10 Schüttelschläge von Hand auf eine federnde Unterlage, wir erhalten Belladonna D1. Dieser Mischung wird ein Tropfen entnommen, der wieder mit 9 Tropfen Alkohol gemischt wird. Wieder 10 Schüttelschläge. Dadurch haben wir Belladonna D2 erhalten. Nach diesem Prinzip werden alle Potenzen, sei es in Form von Globuli, Tropfen, Tabletten oder Pulver, hergestellt. Ihr werdet sagen, in den hohen Potenzen kann ja gar nichts mehr drin sein von der Urtinktur …! Es reicht, dass die Information der Urtinktur darin enthalten ist. (…) Aufgrund der Arzneipotenzierung überträgt sich etwas vom Wesen der Ursubstanz auf den Verdünnungsstoff. In unserem Beispiel hört die Pflanze Belladonna auf, als physikalisch biologische Substanz zu existieren. Sie überträgt jedoch ihre Eigenschaften auf eine als Medium dienende Substanz (Alkohol oder Milchzucker). Wenn wir eine Musikkassette hören, ist es für uns selbstverständlich, dass nicht das ganze Orchester in dem Kassettenrecorder drin sitzt. Man hat nämlich herausgefunden, dass man die Information der Musik in elektronische Schwingungen umwandeln und auf einem Tonband speichern und wiedergeben kann. Mit der Potenzierung ist es ähnlich.

Forum der Landfrauen, www.agrar.de/landfrauen/forum

Aber auch *richtige* Homöopathen haben keine andere Erklärung anzubieten. Zum viel zitierten Wort der Information in den Globuli (die durch die Potenzierung entstanden sein soll) gibt Irene Schlingensiepen in ihrem Buch *Homöopathie für Skeptiker* an:

> Nehmen wir einmal an, wir geben einem Hund den Befehl: Hundeplatz. Nehmen wir nun in einem Überschwang von Optimismus an, der Hund zuckelt zu seinem Platz und rollt sich seufzend darauf zusammen. Natürlich haben Schallwellen das Wort Hundeplatz vom menschlichen Mund zum Hundeohr transportiert. Aber es war eben nicht die Wirkung der Schallwellen, dass der Hund jetzt auf seinem Platz liegt. Schließlich haben die Schallwellen ihn nicht hochgehoben und durchs Zimmer getragen. Sie haben lediglich die Information an ihn weitergegeben, aber es ist die codierte, molekülfreie Information, die den lebenden Organismus Hund dazu bewegt hat, uns zu folgen. Man kann dem Hund auch ebenso gut beibringen, einem Fingerzeig zu folgen; entscheidend ist nicht, welchen Träger wir wählen, sondern welche Information wir damit transportieren.
>
> Schlingensiepen und Brysch (2014, S. 46)

Ich muss sagen, das hat mich geschockt. Die erste Aussage kann man vielleicht noch als Laienaussage akzeptieren. Aber dass studierte Ärzte behaupten, die Wirkung der Globuli sei bewiesen, weil man zu einem Hund „Sitz!" sagen kann, das könnte unwissenschaftlicher kaum sein.

Ich fürchte, die meisten Homöopathen und Patienten wissen gar nicht so genau, was Potenzierung eigentlich bedeutet. Sie stellen sich darunter vielleicht etwas Großartiges vor; aber was geschieht denn nun genau?

Die Ursprungssubstanz wird verrieben oder mit einem Auszugs- und Lösungsmittel behandelt, anschließend im beschriebenen Verhältnis verdünnt und dann heftig geschüttelt. In der Lösung befinden sich also die verdünnte Ursprungssubstanz, Lösungsmittel (z. B. Wassermoleküle, Alkoholmoleküle) und Verunreinigungen (z. B. Schwebstoffe, Staub, Pollen, andere Beimengungen in Spuren). Ungeklärt aber bleibt (Lambeck 2005):

- Warum sollte nur der gewünschte Stoff, nämlich die Ursprungssubstanz, potenziert werden und der Rest nicht?
- In welcher Weise soll durch einen Verdünnungs- und Schüttelprozess eine Energie aus Materie entstehen?

Hahnemann hat zwar postuliert, dass dies geschehe, ist aber eine Erklärung schuldig geblieben. Und wir bleiben sie als Homöopathen auch heute noch schuldig. Es bleibt allein bei einer Verdünnung eines Gemisches, das *unter anderem* den Ursprungsstoff enthält. Dieses Gemisch wird mit zunehmenden Potenzierungsschritten immer weiter verdünnt. Und liegt damit immer weniger konzentriert vor. In den höheren Potenzen ist der Ursprungsstoff gar nicht mehr nachweisbar. Das Wort „feinstofflich", das gerne verwendet wird, wenn es um die Besonderheit der homöopathischen Arzneimittel geht, müsste man also ehrlicherweise durch „keinstofflich" ersetzen. Homöopathisch gedacht soll eine hohe Potenzierung bedeuten, dass ein Medikament potenter ist und eine Information enthält; wissenschaftlich ist dies nicht nachvollziehbar. Physikalisch und chemisch lässt sich nicht begründen, wie sich eine Potenzierung von einer Verdünnung unterscheiden soll. Ein Übergang von einem zunächst materiellen Wirkstoff in eine energetische Information durch Schütteln lässt sich naturwissenschaftlich nicht erklären. Aber auch mit normalem, gesundem Menschenverstand ist nicht einzusehen, warum in einer *geschüttelten* verdünnten Lösung plötzlich eine geistartige Energie auftauchen sollte.

Auch kann die Theorie, dass auf Quantenebene eventuell letztlich *alles Energie* sei (so das denn stimmt und von jemand anderem als einem Quantenphysiker überhaupt verstanden wird), nicht erklären, was in einer solchermaßen verschüttelten Lösung anderes geschehen sein soll als eine Verdünnung. Denn selbst wenn der Übergang von Materie in Energie ein theoretisch möglicher (quanten-)physikalischer Gedanke ist, so lässt sich dennoch nicht erklären, warum bei der Zubereitung eines homöopathischen Medikaments mehr als eine Verdünnung geschehen sein soll und wodurch genau ein solcher Übergang hätte stattfinden sollen (Aust 2013; Lambeck 2005).

Der Theorie des Gedächtnisses von Wasser oder sogenannter Wasser-Cluster konnte ich leider naturwissenschaftlich noch weniger folgen; sie konnte mir ebenfalls nicht als Bestätigung eines solchen Energiephänomens gelten. Hinzu kommt die von Aust lapidar, aber leider richtig vorgebrachte Tatsache: „Die im Streit um die Wirksamkeit der Homöopathie vehement ausgetragene Diskussion um die Merkfähigkeit des Wassers ist ebenfalls bedeutungslos, da die Globuli von dem Wasser aus der Potenzierung nichts außer den Verdunstungsrückständen enthalten" (Aust, persönliche Mitteilung, August 2014). Denn was auch immer in der potenzierten Lösung geschehen sein soll – sie wird auf die Zuckerkügelchen aufgesprüht und verdunstet dann. Von nichts bleibt also in den Globuli nichts übrig.

Es ist nicht für jeden homöopathischen Stoff bekannt, welche Konzentration er aufweisen müsste, um eine physiologische Wirkung auf den Körper zu entfalten. Dies wurde meines Wissens bisher nicht untersucht. Von einer stofflichen Wirkung kann man aber bei Potenzen, die über einer D6 liegen, sicher nicht mehr ausgehen. Auch bei niedrigeren Potenzen dürfte die vorhandene Wirkstoffkonzentration dazu nicht ausreichen (sofern man die Globuli nicht kiloweise zu sich nimmt).

Fakt ist, so bedauerlich sich das für eine Homöopathin darstellt:

> Der Wirkstoff ab einer Potenz D6 ist so sehr verdünnt, dass er praktisch nicht mehr für eine arzneiliche Wirkung verantwortlich sein kann.

So, wie die Dosis das Gift macht, gilt auch andersherum, dass „irgendetwas" enthalten sein muss, um „irgendetwas" zu bewirken. Ab einer Verdünnungs- bzw. Potenzierungsstufe D6 (also 1:1.000.000, in Worten: eins zu einer Million) ist die Verdünnung zu groß, als dass ein homöopathisches Medikament eine stoffliche Wirkung haben könnte, die mit der Ursprungssubstanz im Zusammenhang stünde. Ab einer Potenz C30 spricht man in der Homöopathie von Hochpotenzen. Hier hat die Verdünnung einen so hohen Grad erreicht, dass mit absoluter Sicherheit keine materielle Wirkung durch die Ursprungssubstanz mehr zu erwarten ist.

Hahnemanns Vorstellung war ja aber, das materielle Vorhandensein eines Stoffes wäre auch gar nicht nötig, denn gerade das Geistartige sei das Gewollte, um die geistartige Lebenskraft im Körper des Menschen zu heilen.

Auch ich habe dem jahrelang angehangen. Und auch jahrelang gerne Hochpotenzen verschrieben. Die Vorstellung ist einprägsam: Da waltet eine Lebenskraft in einem Menschen, eine Energie. Dann kommt eine Störung daher, und die führt dazu, dass die Lebenskraft aus dem Gleichgewicht gerät. Dies drückt sich in von außen erkennbaren Symptomen aus. Gehen wir nun homöopathisch an das Problem heran, so beschreiben wir den Zustand, indem wir alle außen sichtbaren Aspekte der Störung erfassen. Wir geben ein Medikament, das diesem Störungsbild sehr ähnlich ist – und siehe da, es gleicht sich aus. Das Medikament muss und darf gar nicht materiell sein, da es sich ja um eine geistartige Problematik handelt. Diesen geistartigen Zustand haben wir durch die Potenzierung erreicht. Das erscheint in sich stimmig, daran lässt sich gut glauben. Das Problem einer solchen Energie ist nur, dass sie allen bisherigen bekannten naturwissenschaftlichen Prinzipien widerspricht. Und da die Homöopathie für sich beansprucht, Medizin zu sein, also Wissenschaft, und nicht eine Religion, Glaubensübereinkunft oder Phantasterei, muss sie sich an den Maßstäben der Naturwissenschaft messen lassen.

> Was ich hier also völlig klarstellen möchte, ist, dass sich in keiner Potenz eine geistartige Energie, eine Information oder irgendein Geist oder Wesen eines Ursprungsstoffes befindet.

Allenfalls zur Homogenisierung mag ein Verschütteln sinnvoll sein. Eine geistartige Energie oder Information liefert sie keinesfalls.

Ich habe viele Texte gelesen, in denen Erklärungsversuche wie „das Gedächtnis des Wassers", die Quantenphysik und anderes herangezogen wurden, um die Wirksamkeit der immateriellen Potenzen dennoch zu beweisen bzw. zu erklären. Überzeugt hat mich leider keine. Und ich wäre wirklich gerne überzeugt worden! Die weiterführende Literatur zu diesem Kapitel hält noch mehr stichhaltige Argumentationen bereit; schauen Sie einmal in diese Quellen hinein, die ich empfehle.

Die oben zitierte Erklärung mit der Musikkassette, auf der ja schließlich auch keine materielle Information mehr gespeichert sei, hält genauerer Prüfung nicht stand. Im Unterschied zu den Globuli-Informationen ist bei einer Kassette klar und bekannt, auf welche Weise die Information darauf abgespeichert wird, und dieser Vorgang widerspricht keinem wissenschaftlichen Prinzip. Kein Kassettenhersteller würde behaupten wollen, auf seinem Medium wäre der Geist gespeichert, der sich von den Musikern auf das Tonband übertragen hätte! Gleiches gilt für den Hund, der gelernt hat, einem Befehl zu folgen: Die Zusammenhänge, aus denen heraus er unserem Befehl folgt, sind zwar komplex, aber sie sind erklärbar, und zwar ohne dass man sich auf eine ominöse Informations-Energie beruft.

Mich erinnern diese homöopathischen Erklärungsversuche an die Phlogiston-Theorie im 18. Jahrhundert. Man konnte damals nicht verstehen, warum bei einer Verbrennung weniger Materie übrig blieb als ursprünglich vorhanden. Als Phlogiston bezeichnete man deshalb einen bisher unerkennbaren Stoff oder eine hypothetische Substanz, die wohl allen brennbaren Körpern bei der Verbrennung entweichen würde. Diese Theorie wurde später widerlegt, als man entdeckte, dass manche Stoffe zu Gasen verbrennen. Das Phlogiston war also eine Vorstellung, die widerlegt wurde, als man mehr über naturwissenschaftliche Prinzipien herausfand. Ich fürchte, dass dies nun auch für Hahnemanns Homöopathie ansteht. Hahnemanns Vorstellungen sind genau das: Gedankengebäude. Überholte Vorstellungen, die wir so nicht mehr stehenlassen können. Wer daran festhält, ohne die Weiterentwicklung der Wissenschaft zu akzeptieren, macht sich sozusagen zu einer Art Phlogiston-Anhänger. Mit Naturwissenschaft hat dies nichts mehr zu tun. Und damit auch nicht mit Medizin.

In unserer Zeit und bei unserem Stand der wissenschaftlichen Erkenntnisse sind Hahnemanns Vorstellungen nicht mehr akzeptabel – zumindest nicht als gleichberechtigte Fakten neben denen der Naturwissenschaft. Es ist nicht so leicht, ein Gesetz aufzustellen, zum Beispiel ein physikalisches. Es muss widerspruchsfrei, nachvollziehbar und vollständig sein (Lambeck 2005). Gehen wir davon aus, dass die Physiker ihre Sache verstehen und dass die Gesetze, die bis jetzt aufgestellt wurden, diesem Perfektionsanspruch genügen. Will die Homöopathie Teil der Naturwissenschaft sein, darf sie diesen Gesetzen nicht widersprechen. Das betrifft auch einzelne Begriffe wie Energie, Information oder Kraft.

Der problematische Begriff Lebenskraft

Ein weiteres Problem in der Homöopathie als Medizin ist, dass Hahnemann eine Art Lebenskraft im Inneren des Menschen postuliert, die für Krankheit verantwortlich sei und die es zur Wiederherstellung von Gesundheit (durch die potenzierten Medikamente) zu beeinflussen gelte. Der Begriff Lebenskraft ist einer der grundlegendsten Begriffe der Homöopathie. In Paragraph 9 seines *Organons* definiert ihn Hahnemann erstmals so:

> Im gesunden Zustande des Menschen waltet die geistartige, als Dynamis den materiellen Körper (…) belebende Lebenskraft (…) unumschränkt und hält alle seine Teile in bewundernswürdig harmonischem Lebensgange in Gefühlen und Tätigkeiten …
>
> Hahnemann 2005, *Organon,* Paragraph 9

Weiter schreibt er in Paragraph 10:

> Der materielle Organism, ohne Lebenskraft gedacht, ist keiner Empfindung, keiner Tätigkeit, keiner Selbsterhaltung fähig; nur das immaterielle, den materiellen Organism im gesunden und kranken Zustande belebende Wesen (das Lebensprincip, die Lebenskraft) verleiht ihm alle Empfindung und bewirkt seine Lebensverrichtungen.
>
> Hahnemann 2005, *Organon,* Paragraph 10

In Paragraph 12 heißt es:

> Einzig die krankhaft gestimmte Lebenskraft bringt die Krankheiten hervor, so daß die, unsern Sinnen wahrnehm-

bare Krankheits-Äußerung (…) die ganze krankhafte Verstimmung der innern Dynamis ausdrückt und die ganze Krankheit zu Tage legt.
Hahnemann 2005, *Organon,* Paragraph 12

Und in Paragraph 16 beschreibt er, wie sich die Störung der Lebenskraft wieder umstimmen lässt:

Von schädlichen Einwirkungen auf den gesunden Organism, durch die feindlichen Potenzen, welche von der Außenwelt her das harmonische Lebensspiel stören, kann unsere Lebenskraft als geistartige Dynamis nicht anders denn auf geistartige (dynamische) Weise ergriffen und afficirt werden und alle solche krankhafte Verstimmungen (die Krankheiten) können auch durch den Heilkünstler nicht anders von ihr entfernt werden, als durch geistartige (dynamische, virtuelle) Umstimmungskräfte der dienlichen Arzneien auf unsere geistartige Lebenskraft, percipirt durch den, im Organism allgegenwärtigen Fühlsinn der Nerven. Demnach können Heil-Arzneien, nur durch dynamische Wirkung auf das Lebensprincip, Gesundheit und Lebens-Harmonie wieder herstellen.
Hahnemann 2005, *Organon,* Paragraph 16

Hahnemann orientierte sich bei seiner Idee der Lebenskraft durchaus an den Ideen seiner Zeit. Sein Zeitgenosse und Medizinerkollege Hufeland hielt für die Grundursache aller Lebensvorgänge und für das Selbsterhaltungsprinzip des Organismus eine allgemeine Lebenskraft mit weiteren Teilkräften:

- eine erhaltende Kraft,
- eine regenerierende und neubildende Kraft,

- eine besondere Lebenskraft des Blutes,
- eine Nervenkraft,
- eine Kraft, die eine allgemeine Reizfähigkeit des Körpers bewirke, sowie
- eine Kraft, die eine spezifische Reizfähigkeit des Körpers bewirke.

Wikipedia, Stichwort Vitalität

Wenn Hahnemann eine Art geistartiger Lebenskraft postulierte, die bei Krankheiten gestört wäre, so war das also durchaus der Wissenschaft *seiner* Zeit angemessen. Zu Hahnemanns Zeit war es nicht unüblich, so zu denken. Ziel des Arztes war es, ein genaues Bild von der Störung der angenommenen Lebenskraft zu erfassen. Hahnemann ging aber noch weiter als seine Zeitgenossen: Es sei ferner das Ziel, nun ein dieser Störung ähnliches Medikament zu finden, das die Lebenskraft wieder in freien Fluss versetzen soll. Zur damaligen Zeit mag eine solche Vorstellung gut gepasst haben – aber heute? Problematisch daran ist: Physikalisch, chemisch und medizinisch-physiologisch kennen wir keine Lebenskraft, die dem Körper innewohnt. Ich lasse den Begriff daher nur wie folgt gelten: Da sich eine solche Lebenskraft naturwissenschaftlich nicht darstellen lässt, kann in der Homöopathie allenfalls eine Vorstellung davon existieren. Es handelt sich um ein Konzept, das in die damalige Zeit besser passte als in die heutige, in der wir die Naturwissenschaften deutlich weiterentwickelt haben. Bitte versuchen Sie, mir hier genau zu folgen. Es geht mir nicht darum, den einen Begriff (Lebenskraft) durch einen neuen Begriff (geistige Idee, Vorstellung) zu ersetzen. Damit wäre nichts gewonnen. Ich möchte vielmehr darstellen, dass Hahnemanns Begriff der Lebenskraft eine bloße Vorstellung war. Mit Vorstellungen erklärte man sich das seinerzeit Unerklärliche. Heute dürfen wir den Begriff in der Medizin nicht mehr so übernehmen – jedenfalls nicht als Tatsache.[1] Ich schlage deshalb vor, die Lebenskraft als eine persönliche Vorstellung Hahnemanns zu betrachten.

Vorstellungen sind nichts Schlimmes, solange man sie nicht mit Naturwissenschaft oder mit Tatsachen verwechselt. Uns muss aber klar sein: Physikalisch oder biologisch lässt sich trotz aller Forschung in diesem Bereich kein Äquivalent dieser homöopathischen Vorstellung finden. Komplexe Phänomene wie Bewusstsein, Vorstellungen, Ideen können nie außerhalb des physikalisch Möglichen liegen, sind aber doch mehr als nur Physik und Biologie. Sie können im Menschen wirken und vorhanden sein, lassen sich zwar nicht mit den Gesetzlichkeiten der Physik und Biologie erklären, aber im Einklang mit diesen. Sie liegen nicht außerhalb der geltenden Maßstäbe. Gleiches gilt für die Lebenskraft der Homöopathie. Die *vis vitalis* (die es auch in anderen Heilslehren zu Hahnemanns Zeit gab) ist insofern widerlegt.

---

[1] Zur Erklärung sei noch eingefügt, dass dies für die Naturwissenschaft gilt und nicht für jede Wissenschaft. So arbeitet man in den Sozialwissenschaften beispielsweise durchaus mit solch ideellen Konstrukten, wenn man Phänomene theoretisch erklären will. Diese Konstrukte sind nichts anderes als Vorstellungen mit Erklärungspotenzial. Sozialwissenschaftlich erfassbare Phänomene haben also nicht unbedingt ein materielles Substrat und können auch Vorstellungen, Gefühle oder Empfindungen umfassen. Die Sozialwissenschaften (z. B. die Psychologie) haben aber einen anderen Forschungsgegenstand als die Naturwissenschaften, und für die Medizin ist bislang die Naturwissenschaft ausschlaggebend. Deshalb beziehe ich mich hier auf Letztere.

Mit der Lebenskraft der Homöopathie können wir heute also nicht mehr guten Gewissens als Tatsache umgehen. Jedoch können wir erkennen, dass die *Vorstellung* Hahnemanns von einer Lebenskraft vielleicht gar nicht so weit weg ist von Vorstellungen unserer Patienten heute. Der Begriff ist nahe an einem umgangssprachlich gebrauchten Prinzip, das wir auch heute noch kennen. Ich fasse darunter Vorstellungen zusammen, die in etwa die folgenden Punkte umfassen:

- subjektiv empfundene Gesundheit
- Regenerationsfähigkeit
- persönliche Disposition und Konstitution
- Vitalität
- Behauptungswille
- Lust am Leben
- gesunde Entfaltung des eigenen Potenzials
- spirituelle Vorstellung von etwas Übergeordnetem im Menschen
- Ererbtes, vielleicht heute auch: Genetisches

Ich halte es nach wie vor für einen großen Trumpf der Homöopathie, sich damit auseinanderzusetzen und solche weitergreifenden Punkte zum Ziel der Betrachtung zu machen. Insofern dürfen wir Hahnemanns Worte nicht immer wortwörtlich nehmen; die Vorstellung können wir aber eventuell weiter akzeptieren. Viele Patienten können mit der Vorstellung von der Lebenskraft spontan etwas anfangen und verbinden individuell und intuitiv einige der oben genannten Punkte mit diesem Begriff. Die Vorstellung, eine solche Lebenskraft in einen harmonischen Fluss zu versetzen, indem man erkennt, wo sie bisher blockiert war, scheint viele Patienten anzuziehen, ja zu begeistern, und zieht sie vielleicht deshalb nach wie vor hin zur Homöopathie.

Die homöopathische Arzneimittelprüfung

Wie die homöopathische Arzneimittelprüfung vonstatten geht, habe ich bereits im Kapitel über die homöopathische Diagnose angeschnitten. Zur Erinnerung: Eine gesunde Person nimmt das zu prüfende Arzneimittel ein, und die Veränderungen im körperlichen und emotionalen Bereich, aber auch im Empfindungsbereich, werden festgehalten und – nach Häufigkeit etc. – kategorisiert.

Als ich mir im Rahmen der Recherchen zu diesem Buch zum ersten Mal die Beschreibung und das Ergebnis einer solchen „Prüfung" durchgelesen hatte, fragte ich mich ernstlich, wie die Homöopathie auf einem derartigen Verfahren aufgebaut sein kann. Ich hatte mich vorher (wie sicherlich viele Homöopathen und Patienten) einfach nicht damit beschäftigt und war entsetzt darüber, was die Grundlage unserer Homöopathie sein soll. Wahllos schienen alle Symptome, die bei den Probanden aufgetreten waren, zusammengewürfelt zu sein: Traumsymptome ebenso wie Farbsensationen oder besondere Selbstwahrnehmungen, aber auch einander teilweise komplett widersprechende körperliche Symptome (z. B. Schmerzen schlimmer durch

Druck/besser durch Druck). Ich weiß als Homöopathin um die Wertigkeiten-Analyse nach Boenninghausen und dass man solche widersprüchlichen Symptome gewichten kann. Aber selbst wenn dieses Problem keines wäre – wie erklären wir uns all das, wenn wir uns vergegenwärtigen, dass es ausgelöst worden sein soll durch Medikamente, die gar nichts enthalten?

Die Arzneimittelprüfung in unserer wissenschaftlichen Medizin geht kurz gesagt so vor: Zunächst einmal muss der Wirkmechanismus eines Medikaments klar sein, die Ursache einer Erkrankung ebenfalls. Dann wird geprüft, ob das vorgeschlagene Medikament (mitsamt seinem angenommenen Wirkmechanismus) zu einer wiederholbaren Wirkung führt. Darüber hinaus prüft man auch, ob eine solche Wirkung ausbleibt, wenn das Medikament *nicht* gegeben wird.

> Bei der wissenschaftlichen Arzneimittelprüfung ist der kausale Zusammenhang von Ursache und Wirkung entscheidend und die Regel in der heutigen Medizin. Dabei ist nicht nur wichtig, dass A erfolgt, wenn B gegeben wird, sondern auch und vor allem, dass A unterbleibt, wenn B nicht gegeben wird.

Für die Homöopathie bedeutet dies: Man gibt A, und B (Prüfungssymptome) findet statt. Doch wie können wir sicher sein, dass B von A verursacht wurde? Die Homöopathen, allen voran Hahnemann, behaupten das einfach und verlassen sich darauf. Aber stimmt das denn? Weitere

Fragen erheben sich, die nicht nur ich mir stellte (Aust, persönliche Mitteilung, August 2014):

- Woher wissen wir mit Sicherheit, dass die Prüfungsperson „gesund" ist, also keine Symptome eigener (Miss-) Befindlichkeit, vor allem Gemütssymptome, einfließen lässt?
- Wie können wir sicher sein, dass es das homöopathische Medikament ist, das die Symptome ausgelöst hat?
- Wie können wir das überprüfen? (Zwar gibt es heute auch Arzneimittel-Blindprüfungen, bei denen die Prüfer nicht wissen, ob sie ein Placebo oder ein echtes Homöopathikum erhalten; aber was hat das für eine Bedeutung, wenn in beidem nichts drin ist, das für eine Wirkung verantwortlich sein kann?)
- War Hahnemanns Chinarindenselbstversuch möglicherweise die erste falsche Prüfung? Wer kann sagen, ob er gesund war, ob es nicht auch andere Einflüsse gab oder ob alles Zufall war? Schließlich konnte der Versuch nie reproduziert werden: Bei keinem anderen Menschen traten nach der Einnahme von Chinarinde wieder solche Symptome auf, wie Hahnemann sie benannt hatte!
- Machen wir Homöopathen seither immer wieder den gleichen Fehler, nehmen Placebos ein, notieren alles, was uns an Veränderung nach der Einnahme auffällt und behaupten, es bestünde ein Zusammenhang?

Moderne Homöopathen gehen teilweise ganz anders vor (z. B. Scholten, Sankaran). Sie überlegen, welche Wirkungen die ausgesuchten Arzneimittel nach der jeweiligen Systematik ihrer Lehren haben müssten, und prüfen dies unter diesen Vorannahmen. Zum Beispiel ist bei Sankaran klar, wie die Empfindung von Natrium muriaticum (Kochsalz), Lac leoninum (Löwenmilch) oder Rhus toxicodendron (Giftsumach) beschaffen sein *müsste*. Aus den Prüfungen werden nun jeweils die bestätigenden Symptome und Empfindungen übernommen – und siehe da, es passt.

Ich kann nur jeden Patienten und Homöopathen bitten, sich selbst einmal näher mit der Theorie, aber auch mit der Praxis der homöopathischen Arzneimittelprüfung auseinanderzusetzen. Ich hätte es vorher auch nicht glauben wollen, was da genau geschieht. Aus psychologischen Studien wissen wir, dass das, was wir erwarten, eher eintritt als Unerwartetes (Wikipedia [engl.], Stichwort List of cognitive biases; Herrmann 2013). Was die Homöopathen hier abliefern, ist eine sich selbst erfüllende Prophezeiung – keine Medizin im heutigen Sinne.

Ich will nicht bestreiten, dass die homöopathischen Arzneimittelbilder teilweise sehr komplexe und differenzierte Studien von Persönlichkeitstypen geworden sind. Und ich bestätige auch, dass ich durchaus bereits Patienten in meiner Praxis hatte, die diesen Beschreibungen verblüffend ähnlich waren – so dass auch ich mich bestätigt *glaubte*. Als tatsächliche Bestätigung unserer homöopathischen Theorie der Ähnlichkeit oder als Basis einer möglichen Wirksamkeit können wir sie jedoch nicht heranziehen. Täten wir dies, so würden wir schnell gezogenen Analogieschlüssen aufsitzen. Worauf es aber ankommt, ist das langsame, mühsame, wissenschaftliche Denken: Welche Fehler sind bei diesem Gedanken möglich, welche anderen Einflüsse kann es geben, wie können wir *beweisen*, dass A zu B geführt hat?

Hahnemann kannte diese Weise zu denken nicht, ihm können wir es nicht vorwerfen. Heute aber müssen wir erkennen und zugeben, dass die homöopathischen Arzneimittelprüfungen alles andere sind als eine Prüfung. Und dass damit auch das Prinzip der Ähnlichkeit hinfällig ist. Wenn die Prüfungen nur zufällige Konstellationen ergeben, dann können wir daraus keine gesicherten Arzneimittelbilder erstellen, die wir mit den Patientenbildern abgleichen.

Ist die Homöopathie Medizin?

Die Homöopathie ist zu Hahnemanns Zeiten als Teil der Medizin möglich gewesen. Heute ist die Medizin weiter fortgeschritten und hat sich deutlich verändert. Die Forschung in Physik, Chemie, Biologie, Biochemie, Physiologie und Pathophysiologie, aber auch in der Wissenschaftstheorie und der Statistik, haben zu Erkenntnissen und Grundlagen geführt, die es damals noch nicht gab.

Medizin ist der Versuch, diese naturwissenschaftlichen Erkenntnisse plausibel in heilender Richtung anzuwenden und dieses Vorgehen – anschließend oder auch im Vorhinein durch theoretische Überlegungen – auf Kausalitäten und signifikante Ergebnisse zu prüfen (evidenzbasierte Forschung). Sicher sind auch in der wissenschaftlichen Medizin öfter Mängel in der Umsetzung der durch solche Forschung gewonnenen Erkenntnisse offenbar. Auf diese möchte ich hier nicht weiter eingehen, da sich dieses Buch einer anderen Aufgabe widmet (siehe dazu z. B. Bartens 2012). Die Prinzipien der Naturwissenschaft und der medizinischen Forschung aber sind klar und allgemein akzeptiert. „Jede Wissenschaft muss natürlich Kriterien finden, die ihrem Forschungsgegenstand gerecht werden und mit denen sich ihre Aussagen prüfen lassen. Die Archäologie geht anders vor als die theoretische Physik, die Ökonomie anders als das Ingenieurwesen, et cetera" (Aust, persönliche Mitteilung, August 2014). Wenn die Homöopathie auch heute ein Teil der Medizin sein möchte, dann muss sie sich an die innerhalb der Medizin entwickelten Prinzipien halten oder eigene nachvollziehbare Kriterien erarbeiten, zum Beispiel analog denen der Psychologie und anderer Sozialwissenschaften. Im Moment tut sie das nicht oder nur sehr eingeschränkt. Kritiker haben also recht, wenn sie die Homöopathie dazu auffordern.

Das Problem ist: Wir können nicht einerseits beweisen wollen, dass die Homöopathie wirkt und auch heute noch eine Berechtigung in der Medizin hat, andererseits aber von Grundlagen ausgehen, die nicht denen der Naturwissenschaften entsprechen. Da helfen auch nicht noch mehr (zweifelhafte) Studien. So können wir keinen Beweis führen. Weder die Herstellung noch die Prüfung noch die klassische Anwendung unserer homöopathischen Medikamente ist naturwissenschaftlich nachvollziehbar und belegbar. Über einen besonderen Nebeneffekt der Globuli-Gabe, den Placebo-Effekt, der wiederum ein Teil der Medizin ist, äußere ich mich später ausführlich.

> Die Begriffe Lebenskraft, Energie, Geistartiges etc. können wir nicht so stehenlassen, als bezögen sie sich auf Tatsachen. Nach diesen Überlegungen kann die Homöopathie ganz klar *kein* Teil der heutigen Medizin sein.

Warum dann aber überhaupt noch einen Gedanken an die Homöopathie verschwenden? Konzepte aus längst vergangenen Zeiten, seltsamste Vorstellungen über Medikamentenwirkungen, esoterische Begriffe, Prüfungen, die nie welche waren – wozu soll das gut sein? Hat die Homöopathie dennoch eine Einflussmöglichkeit auf die menschliche Gesundheit? Eine, die nicht im Widerspruch zur Naturwissenschaft steht? Warum wenden sich so viele Patienten ihr nach wie vor zu? Dem widme ich mich im nächsten Kapitel.

Literatur

Aust N (2013) In Sachen Homöopathie – eine Beweisaufnahme. 1-2-Buch, Ebersdorf

Bartens W (2012) Heillose Zustände. Warum die Medizin die Menschen krank und das Land arm macht. Droemer, München

Dobelli R (2011) Die Kunst des klaren Denkens. Hanser, München

Ernst E (2002) A systematic review of systematic reviews of homoeopathy. British Journal of Clinical Pharmacology, 54(6):577–582

Hahnemann S (2005) Organon der Heilkunst. 6. Aufl. Marix, Wiesbaden (faksimilierte Erstausgabe von 1810 online unter http://www.deutschestextarchiv.de/book/view/hahnemann_organon_1810?p=1. Zugegriffen: 6. Oktober 2014)

Herrmann S (2013) Starrköpfe überzeugen. Rowohlt, Reinbek bei Hamburg

Kahneman D (2012) Schnelles Denken, langsames Denken. Siedler, München

Lambeck M (2005) Irrt die Physik? 2. Aufl. Beck, München

Schlingensiepen I, Brysch MA (2014) Homöopathie für Skeptiker. Wie sie wirkt, warum sie heilt, was belegt ist. Barth, München

Shang A, Egger M et al (2005) Are the clinical effects of homoeopathy placebo effects? Comparative study of placebo-controlled
trials of homoeopathy and allopathy. Lancet 366:731

Verwendete Webseiten

www.agrar.de/landfrauen/forum. Zugegriffen: Februar 2014
Wikipedia, Stichwort Evidenzbasierte Medizin. Zugegriffen: 6. Ok-
tober 2014
Wikipedia, Stichwort Kognitive Verzerrung. Zugegriffen: 6. Okto-
ber 2014
Wikipedia (engl.), Stichwort List of cognitive biases, mit vielen wei-
terführenden Links. Zugegriffen: 6. Oktober 2014
Wikipedia, Stichwort Vitalität. Zugegriffen: 6. Oktober 2014
Wikipedia, Stichwort Wissenschaft. Zugegriffen: 6. Oktober 2014

Weiterführende Literatur

Hahnemann S (2013) Die chronischen Krankheiten. 2. Aufl. Narayana, Kandern
Hopff W (1991) Homöopathie kritisch betrachtet. Thieme, Stuttgart
Singh S u. Ernst E (2009) Gesund ohne Pillen. Was kann die Alternativmedizin? Hanser, München
Weymayr C u. Heißmann N (2012) Die Homöopathie-Lüge. So
gefährlich ist die Lehre von den weißen Kügelchen. Piper, München

4

Warum wenden sich Patienten der Homöopathie zu?

Eigenartig – die Homöopathie ist trotz der aufgezeigten erheblichen Mängel überaus gefragt. Zum Stichwort Homöopathie fanden sich bei Amazon im August 2014 17.107 Bücher. Einige Fachbücher sind dabei. Viele Bücher über Homöopathie sind reine Do-it-yourself-Ratgeber, darunter einige Bestseller. In vielen Magazinen finden sich Gesundheitstipps, die sich an der Homöopathie orientieren.

Laut einer Studie des Meinungsforschungsinstituts Allensbach im Jahr 2009 hat sich in den letzten vierzig Jahren der Anteil der (westdeutschen) Bevölkerung (ab 16 Jahre), der homöopathische Arzneimittel schon bewusst verwendet hat, stark vergrößert. Während es 1970 noch 24 % der Befragten waren, die selbst schon einmal die Homöopathie genutzt hatten, waren es 2009 bereits 57 %. Und während 1970 32 % noch nie etwas von der Homöopathie gehört hatten, belief sich dieser Anteil im Jahr 2009 auf nur noch 6 % der Befragten (Allensbacher Archiv, IfD-Umfragen 2009, Nr. 14). Im Oktober 2014 befragte das Allensbach-Institut im Auftrag des Bundesverbands der Arzneimittelhersteller (BAH) erneut viele Bürger: Über die Hälfte der befragten Bevölkerung hatte bereits homöopathische

© Springer-Verlag GmbH Deutschland 2018
N. Grams, *Homöopathie neu gedacht,*
https://doi.org/10.1007/978-3-662-55549-1_4

Arzneimittel angewendet, und im Vergleich zu 2009 stieg
der Anteil der Anwender weiter auf 60 %, der Anteil bei
Frauen lag sogar bei 73 %. Fast neun von zehn Anwendern
gaben dabei an, dass die homöopathischen Arzneimittel ihnen geholfen hätten, darunter 48 %, die dies ohne jede Einschränkung angaben. Weitere 39 % berichten, ihnen hätten
homöopathische Arzneimittel zumindest in manchen Fällen geholfen (BAH, Pressemeldung vom 20.10.2014).

Die Nachfrage und das Interesse von Patientenseite ist
also offenbar groß. Der alternativmedizinische Bereich
boomt, und die Homöopathie spielt darin eine wichtige
Rolle. In vielen Fällen haben die Patienten bereits ihren
Hausarzt oder einen Facharzt konsultiert. Oft kommen sie
mit ganzen Mappen von Befunden zu mir, oder sie berichten von einer Psychotherapie in der Vorgeschichte. Warum
kommen sie? Was macht die Homöopathie für sie so attraktiv, zumal sie ja um die kritischen Punkte in der Homöopathie zumindest teilweise wissen müssten? Warum kennt
jeder, mit dem man sich über die Homöopathie unterhält,
mindestens einen Bekannten, dem sie geholfen zu haben
scheint, oder kann dies von sich selbst berichten? Sind das
alles nur Anekdoten, oder kann die Homöopathie etwas,
dem es sich nachzugehen lohnt – trotz aller Kritik?

Aus den Diskussionen auf vielen Online-Foren zur Homöopathie, aus der Befragung meiner Patienten und aus
den Gesprächen mit Homöopathen ergab sich eine Liste
von Gründen, warum sich Patienten der Homöopathie zuwenden:

- „Ganzheitliche" Herangehensweise;
- Gefühle, Geist und Seele mitbehandeln;

- Raum für eher spirituelle Fragestellungen;
- Raum für emotionale Nöte;
- als ganzer Mensch gesehen werden;
- nicht auf ein Symptom reduziert werden;
- Zeit;
- exklusive Zuwendung;
- Vermeidung von normalmedizinischen Medikamenten, wo sie nicht unbedingt nötig sind;
- eine Alternative zur wissenschaftlichen Medizin;
- eine Alternative zum Nichtstunkönnen;
- eine sprechende (bzw. zuhörende) Medizin;
- Verständnis für eher ungewöhnliche Sorgen oder solche, die über das Symptom hinausgehen;
- eine zweite Meinung hören;
- Lebensberatung;
- Verzweiflung am oder schlechte Erfahrungen mit dem normalen Gesundheitssystem (z. B. wenig Zeit, Furcht vor Nebenwirkungen bei normalmedizinischen Medikamenten etc.);
- oftmals ist es eine Art Glaube oder fast schon ein Lebensdogma, das die Patienten zur Homöopathie bringt.

Wieso kann die Homöopathie auf diese Wünsche eingehen? Was bietet sie, das die Patienten anzieht? Und wie genau tut sie das?

Kaum ein Homöopathie-Gegner bezweifelt, dass die Homöopathie eine Wirkung hat. Auch ich kann aus meiner täglichen Praxis nur bestätigen: Manchen Menschen hilft die Homöopathie, sie tut ihnen *gut*. Ich möchte in den nächsten Unterkapiteln zunächst darauf eingehen, welche Vorteile die *Homöopathie als Methode* möglicherweise bietet und wie wir dieses gute Gefühl konkretisieren könnten. Denn dies ist sicher für die von den Patienten angegebene Wirkung von Bedeutung. Ich gehe dabei auf die Aspekte ein, die aus Patientensicht (und teilweise auch aus Therapeutensicht) im tatsächlichen praktischen Umgang mit der Homöopathie von Wichtigkeit sind. Auf die wissenschaftliche Verarbeitung dieser „subjektiven" Gesichtspunkte werde ich im darauffolgenden Kapitel zurückkommen.

Das therapeutische Setting der Homöopathie

Zeit, Empathie und Zuwendung

Wir kennen das wahrscheinlich alle: Mit einem akuten oder chronischen Problem sitzen wir beim Arzt oder in der Klinik. Nach längerer oder kürzerer Wartezeit geht die Tür auf, wir eilen ins Behandlungszimmer – und sind nach fünf Minuten wieder draußen. Mit einem Rezept oder einer Überweisung zu einem Folgearzt. Ich erinnere mich an meine Zeit in der Klinik, in der ein Oberarzt die Weisung ausgab: „Die Visite ist kein Kolloquium [Gespräch, Gedankenaustausch]. Es gilt, vorzustechen und dann sofort den Rückzug zu organisieren." Sicher war das teilweise scherzhaft gemeint, und der Oberarzt war ein sehr guter Operateur, aber ein wenig Wahrheit steckt doch darin. In meiner Zeit als Stationsärztin war eine halbe Minute am Patientenbett viel. Manchmal mussten wir uns auch die sparen, um mit der Arbeit überhaupt fertig zu werden. Auch in den Praxen, in denen ich gearbeitet habe, ging es Schlag auf Schlag, und nur mit Mühe konnte man einem Patienten mehr Zeit schenken; unterdessen füllte sich das Wartezimmer weiter. Zeit ist in unserer modernen Medizin ein so gut wie nicht vorhandenes Gut.

Bei der Homöopathie jedoch ist Zeit reichlich vorhanden. Hahnemann ermahnt seine Schüler ausdrücklich, die Patienten ausreden zu lassen, egal, wie lange das dauern mag. Und dann noch einmal nachzufragen, bis wirklich alles gesagt ist. In Paragraph 84 schreibt Hahnemann in seinem *Organon* dazu beispielsweise:

> … der Arzt sieht, hört und bemerkt durch die übrigen Sinne, was verändert und ungewöhnlich an demselben ist. Er schreibt alles genau mit den nämlichen Ausdrücken auf, deren der Kranke und die Angehörigen sich bedienen. Wo möglich lässt er sie stillschweigend ausreden, und wenn sie nicht auf Nebendinge abschweifen, ohne Unterbrechung …
>
> Hahnemann 2005, *Organon,* Paragraph 84

In der Regel dauert ein fachgerecht durchgeführtes homöopathisches Erstgespräch zwischen ein und drei Stunden (ich kenne Kollegen, die sogar bis zu sechs Stunden mit einem Patienten verbringen) und ein Folgegespräch eine halbe bis ganze Stunde. Nur in der Psychotherapie ist ein ähnliches Zeitkontingent vorhanden. Dieser Zeitfaktor überzeugt viele Patienten. Die Homöopathie wird gern als „sprechende Medizin" bezeichnet; aus Behandlersicht ist sie eine zuhörende Medizin. Zuhören können, bis ein Patient wirklich alles gesagt hat, was ihm wichtig ist, ohne es zu bewerten – das ist ein großer Vorteil, den die homöopathische Behandlung bietet. Es liegt nahe, dass eine solche Aufmerksamkeit den

Patienten gut tut. Wenn dieses Zuhören darüber hinaus mit einer empathischen Grundhaltung geschieht, also mit Offenheit und Einfühlungsvermögen, ist es sicher noch effektiver. Der Patient fühlt sich angenommen und verstanden, nicht bewertet oder im schlimmsten Fall abgefertigt. Wenn man bedenkt, dass wir auch in unserem normalen Leben wenig Zeit haben, ist ein solches Zeitgeschenk umso höher einzuschätzen. Exklusive Zuwendung ist sicher ein großer Vorteil der Homöopathie – was auch ihre Kritiker nicht bestreiten. Zeit in der Homöopathie bedeutet auch, sich jederzeit an seinen Therapeuten wenden zu können. Die meisten Homöopathen bieten feste telefonische Sprechstunden an und sind über Mail oder für telefonische Rückfragen auch kurzfristig zu erreichen. Die Patienten erhalten hier Rat und Beistand über das dem Hausarzt mögliche Maß hinaus. Die Begleitung ist auch in dieser Hinsicht intensiver.

Im Grunde genommen folgt die Homöopathie dem aus der Psychologie bekannten aktiven Zuhören. Die Ziele beim Einsatz des aktiven Zuhörens sind vielschichtig. Auf der interpersonalen Ebene, insbesondere der Beziehungsebene, will man damit gegenseitiges Vertrauen aufbauen und einen würdigenden Umgang fördern. Auf der semantischen Ebene hilft aktives Zuhören Missverständnisse vermeiden. Es soll zur Verbesserung von Problemlösungen und einfacher Verhaltenskorrektur führen und ein Lernen durch Feedback ermöglichen.

> (Das aktive Zuhören trägt bei zum) Zutagefördern jener Gedanken und Einstellungen, Gefühle und emotional belastenden Impulse, die sich um die Probleme und Konflikte des Individuums konzentrieren. (...) Der Berater muss wirklich imstande sein, dem Klienten die Freisetzung zu

ermöglichen, damit es zu einem angemessenen Ausdruck der grundlegenden Probleme seiner Situation kommt.

Carl Rogers, 1942, S. 123

Kritikpunkte an diesem Vorgehen der Homöopathie:

Dieses Vorgehen der Homöopathie wird im Allgemeinen wenig kritisiert. Vielmehr schreibt man die möglichen positiven Effekte vor allem diesem Vorgehen zu.

Individuelle Sichtweise

Viele Patienten wünschen sich, dass ihr Symptom oder ihre Krankheit nicht zu einer Diagnose zusammengerafft wird, hinter der sie als Person verschwinden, sondern dass ihre persönliche Sichtweise und ihr individuelles Empfinden ernst genommen und behandelt werden. Dieses Vorgehen entspricht nicht demjenigen unserer normalen Medizin. In der Homöopathie wird nun aber gerade dieser Wunsch erfüllt. Homöopathisch betrachtet ist ein Symptom ein Hinweis auf die individuelle Störung des Patienten. Ein Symptom muss immer im Zusammenhang mit der Individualität des jeweiligen Patienten gesehen werden und ein individuelles Bild ergeben. Es steht nie für sich, es gerinnt nicht zur bloßen Diagnose.

Laut Hahnemann

… sind die auffallendern, sonderlichen, ungewöhnlichen und eigenheitlichen (charakteristischen) Zeichen und Symptome des Krankheitsfalles, besonders und fast einzig fest ins Auge zu fassen.

Hahnemann 2005, *Organon*, Paragraph 153

In der Homöopathie ist es also nicht möglich, ein Arzneimittel gegen Rückenschmerzen zu verordnen, ohne mit
dem Patienten persönlich gesprochen oder zumindest eine
genaue Beschreibung der Schmerzen erhalten zu haben
(z. B. von den Eltern eines betroffenen Kindes). Der Patient
ist, im Gegensatz zur Sichtweise der wissenschaftlichen Medizin, kompetenter als der Therapeut, was die besonderen
und „eigenheitlichen", also spezifischen Symptome betrifft.
Er allein weiß, wie er die Symptome beschreiben möchte, weil er sie auf ganz einzigartige Weise empfindet. Diese
Kompetenzverteilung hat wiederum sicher einen eigenen
therapeutischen Effekt. Es gibt also kein homöopathisches
Medikament gegen Rückenschmerzen; vielmehr gibt es ein
individuelles Patienten-Bild, das es herauszuarbeiten gilt.
Die Homöopathie geht sehr individuell vor – sowohl bei
der Anamnese als auch bei der Medikamenten-Verordnung.

Ebenso wichtig kann die Individualisierung bei der
Selbstbehandlung sein. Dass ich nicht nur ein Medikament
gegen Schmerzen nehme, sondern tatsächlich eines gegen
meine Schmerzen (die z. B., wie im Eingangsfall geschildert,
heftig sein können, einengend, versteifend, bei Bewegung
zunächst schlechter, dann besser etc.), scheint sich zusätzlich positiv auf die Genesung auszuwirken – allein schon
deshalb, weil die eigene Empfindung ernst genommen und
herausgestellt wird.

Eine weitere Möglichkeit bei der individuellen Herangehensweise besteht darin, Symptome in einen Kontext zu
stellen, der dem Patienten sinnvoll erscheint. Eine Patientin
berichtet: „Ich habe mich am Arbeitsplatz so gefangen gefühlt – und *das* hat zu meinen Symptomen geführt!" Mit
der Homöopathie können wir eine solche ungewöhnliche
Aussage ernst nehmen und ihr nachgehen.

Hahnemann stellt allerdings auch klar, dass nicht jedes „Wehwehchen" verfolgt und behandelt gehört:

> Werden dem Arzte ein oder ein paar geringfügige Zufälle geklagt, welche seit Kurzem erst bemerkt worden, so hat er dieß für keine vollständige Krankheit anzusehen, welche ernstlicher, arzneilicher Hülfe bedürfte. Eine kleine Abänderung in der Diät und Lebensordnung reicht gewöhnlich hin, diese Unpäßlichkeit zu verwischen.
>
> Hahnemann 2005, *Organon*, Paragraph 150

Wiederum braucht es allerdings Zeit, um in jedem Einzelfall die geringfügigen Zufälle ohne Relevanz von tatsächlich spezifischen Symptomen zu unterscheiden!

Kritikpunkte an diesem Vorgehen der Homöopathie:

Das individuelle Vorgehen der Homöopathie wird allgemein nicht kritisiert. Im Gegenteil, auch in der wissenschaftlichen Medizin gibt es zunehmend den Gedanken der Individualisierung, zum Beispiel im Hinblick auf die Dosierung von Medikamenten.

Etwas tun können

Ich habe bei Gesprächen mit Ärzten und Kinderärzten oft gehört: „Wenn wir ganz ehrlich wären, müssten wir unseren Patienten oftmals sagen: Da können wir jetzt leider nichts tun. Da hilft nur Zeit, Ruhe und vielleicht liebevolle Zuwendung."

Dies ist vor allem bei sogenannten banalen Infekten der Fall, kann aber auch bei schwerwiegenden Krankheiten phasenweise das richtige Vorgehen sein. Klar, da ist der Wunsch, etwas tun zu können, nicht taten- und hilflos „herumwarten" zu müssen. Oft kann es aber nötig sein, Ungewissheit auszuhalten und vielleicht von Arbeit, Schule, Kindergarten freizunehmen, um sich Ruhe zu gönnen. Das jedoch ist zum einen gar nicht immer so leicht möglich und zum anderen ungewohnt und beängstigend – für Patienten *und* Therapeuten. Ärzte befürchten möglicherweise, dass man sie für inkompetent halten könnte, wenn sie etwas derartiges vorschlagen – ohne für ihre Patienten aktiv zu werden.

Da ist es doch viel besser, vom Homöopathen ein Rezept oder direkt Kügelchen mit einer meist sehr genauen Einnahmevorschrift zu bekommen. Oder sich diese Medikation selbst in einem Quickfinder herauszuarbeiten und alle drei Stunden Globuli einzunehmen. Nach einer Weile verschwinden die Beschwerden – und wir sind überzeugt, es lag an der Homöopathie. Doch war es nicht vielleicht nur die Zeit? Und haben wir uns mit „etwas tun können" nur über die notwendige Zeitdauer hinweggeholfen?

Sicher kann es nicht das eigentliche Ziel einer Methode sein, den Patienten so lange bei Laune zu halten, bis der Körper die Krankheit von selbst überwunden hat. Aber in einer Notlage Trost und Zuversicht und Hoffnung spenden, eine Art Strohhalm anbieten wollen – dieser Wunsch ist nachvollziehbar, und er wird von der Homöopathie individuell erfüllt.

In meiner Praxis habe ich festgestellt, dass es Patienten sehr gut tut, jederzeit anrufen und fragen zu können, wenn sich eine akute Verschlechterung oder eine neue Krankheit einstellt. Diese Verfügbarkeit ist Teil der Therapie. Es hilft zu wissen, dass da jederzeit ein Ansprechpartner ist. Eine Verfügbarkeit von diesem Ausmaß ist in der normalen Medizin meist nicht möglich. Und immerhin ist ein solcher Anruf bereits der erste Schritt, etwas zu tun.

Kritikpunkte an diesem Vorgehen der Homöopathie

Keinesfalls sollte durch ein solches Gesprächsvorgehen eine nötige und sinnvolle konventionellmedizinische Behandlung aufgeschoben oder versäumt werden. Mir ist völlig bewusst, dass Kritik an diesem Vorgehen insofern berechtigt ist (Weymayr und Heißmann 2012). Angebracht ist es eher in solchen Situationen, in denen ein Abwarten möglich ist, das jedoch wegen der Ansprüche von Arzt- und Patientenseite oft nicht „ausgehalten" wird. Ich meine zum Beispiel harmlosere virale Infekte, Zeiten der Rekonvaleszenz, banale Befindlichkeitsstörungen (die subjektiv oft ganz anders wahrgenommen werden), Latenzzeiten bis zum Einsetzen der Wirkung eines richtigen Medikaments, palliative Fälle. Hier kann Zeit aus Patientensicht ein wertvoller Faktor und eine empathische Begleitung oftmals mehr wert sein als ein sinnlos gegebenes medizinisches Präparat. Gleichwohl weiß ich darum, dass hier oft fahrlässig gehandelt wird und dass dies der Homöopathie nicht zum Vorteil gereicht.

Kritiker bemängeln außerdem am Verordnen von Globuli zum Zweck des Etwas-Tuns, durch die *„ständige Globulisierung"* würden Patienten daran gewöhnt, dass es jederzeit eines Medikaments bedürfe, um gesund zu werden. Die ehrliche Aussage „Da können wir jetzt nichts tun außer abwarten" wäre in der Tat manchmal angebracht. Gerade von Kinderärzten habe ich die Kritik gehört, dass Mütter ihren kranken oder unpässlichen Kindern allzu häufig Globuli geben. Dem stimme ich zu; angemerkt sei jedoch, dass die Gabe eines richtigen, aber unnötigen konventionellmedizinischen Medikamentes nicht die Alternative sein sollte.

Riskant wird dieses Vorgehen vor allem dann, wenn es die Patienten glauben macht, die Homöopathie könne *in jedem Fall* etwas tun. Dagegen hat sich schon Hahnemann verwehrt, indem er zum Beispiel chirurgische Fälle von der Homöopathie ausschloss (*Organon,* Paragraph 13). Aber ich muss ehrlicherweise zugeben, dass ich homöopathische Kollegen kenne, die alle normalmedizinischen Medikamente regelrecht verteufeln und stattdessen auf die Homöopathie schwören – auch in Fällen, in denen dies absolut gefährlich und unverantwortlich ist. *Alles* könne durch Homöopathie geheilt werden. *Immer* könne die Homöopathie etwas tun. Das ist grober Unfug und hat nichts mit dem Vorteil der Homöopathie zu tun, als Patient gefühlt handlungsfähig zu bleiben und etwas für sich selbst tun zu können, solange keine Gefahr im Verzug ist.

Keine Nebenwirkungen

Ein weiteres Argument, das Patienten häufig nennen, wenn sie ihre Hinwendung zur Homöopathie begründen, ist die Behauptung, sie verursache keine Nebenwirkungen. Die Attribute „sanft" und „natürlich" werden assoziiert. Homöopathen und Apotheker unterstützen diese Einschätzung. Mit der Homöopathie bietet sich Patienten anscheinend die Möglichkeit, nebenwirkungsfreie, sanfte Medikamente einzunehmen. In den Fällen, in denen wirklich kein konventionellmedizinisches Medikament nötig ist, lässt sich das vertreten. Viele Patienten scheinen die Globuli als eine harmlose und nebenwirkungsfreie Alternative zu sehen, bei der sie etwas tun können (ohne wirklich etwas zu nehmen).

Eigentlich wissen oder spüren die Patienten in solchen Fällen, dass keine richtige Behandlung mit Medikamenten nötig ist, aber der Wunsch nach Hilfe ist groß. Besteht nun die Möglichkeit, harmlose Globuli einzunehmen, denen ja auch nachgesagt wird, dass sie keine Nebenwirkungen haben, so greifen sie oft und gern zu dieser Alternative.

Den Therapeuten bietet die Homöopathie die Möglichkeit, etwas zu verschreiben, ohne wirklich etwas zu geben – allein mit dem Effekt, etwas getan zu haben und normalmedizinische Medikamente zu vermeiden, wo sie nicht zwingend nötig sind, und ohne mit Nebenwirkungen rechnen zu müssen.

Auch die Einnahme von Globuli *gegen* die Nebenwirkungen der konventionellmedizinischen Medikamente wird gerne praktiziert. Viele Patienten sehen ein, dass normalmedizinische Medikamente mitsamt ihren möglichen Nebenwirkungen nötig sind, um ein größeres Übel medizinisch zu behandeln (z. B. Chemotherapie bei Krebs). Sie sind sehr froh, wenn sie meinen, mit den homöopathischen Globuli etwas dagegen tun zu können. Das Problem der Angst vor den Nebenwirkungen normaler Medikamente wird von der wissenschaftlichen Medizin möglicherweise unterschätzt. Ich verbringe in meiner Praxis sehr viel Zeit damit, den Menschen diese Ängste zu nehmen oder mich dieser zumindest anzunehmen. Unter dieser Angst schwindet auch die Compliance (Verlässlichkeit der Medikamenteneinnahme). Viele meiner Patienten sagen mir zum Beispiel, dass sie ihre Blutdruckmedikamente nicht nach Arztanweisung einnehmen, weil sie Angst vor den eventuellen Nebenwirkungen haben, die der Beipackzettel nennt. Oder sie haben diese Nebenwirkungen bereits erfahren und möchten sie in Zukunft vermeiden. Ihren Ärzten jedoch sagen sie dies nicht. Sie glauben nun, mit den Homöopathika dieses

Problem angehen zu können, und werden von den Homöopathen darin unterstützt.

Nebenwirkungen gibt es allerdings durchaus auch in der Homöopathie:

> Als Nebenwirkung sehen Homöopathen eine vorübergehende Verstärkung der Symptome an, welche sie homöopathische Verschlimmerung (auch Erstverschlimmerung) nennen. (…) Bei niedrigen Potenzstufen (bis etwa D6) kann eine reguläre unerwünschte Arzneimittelwirkung auftreten, weil im Mittel noch nennenswerte Stoffmengen enthalten sind. So können z. B. durch die Anwendung von Mercurius (Quecksilber), Arsenicum (Arsen) oder Nux vomica (Brechnuss), einer Pflanze, die Strychnin-Alkaloide enthält, Vergiftungen hervorgerufen werden.
>
> Wikipedia, Stichwort Homöopathie

Unter einer Erstverschlechterung ist eine vorübergehende Verschlimmerung der Symptome zu verstehen. Homöopathisch gesehen entsteht sie durch die Kunst-Krankheit, die das Arzneimittel im Körper auslösen soll. Für die Erstverschlechterung gibt es allerdings keinen Beweis (Grabia und Ernst 2003). Der Vorteil ist: Eine Verschlechterung der Symptomatik macht dadurch Sinn und kann besser ertragen werden – bis zum natürlichen spontanen Heilen. Insofern aber ist die Homöopathie nicht nebenwirkungsfrei.

Kritikpunkte an diesem Vorgehen der Homöopathie:

Kritiker bemängeln, die schlimmste Nebenwirkung der Homöopathie sei, dass sie mit den Globuli ein Heilversprechen gebe, das sie nicht einlösen könne, und dass es schlimmstenfalls zur Unterlassung eigentlich nötiger medizinischer Interventionen führe. Das ist leider dann wahr, wenn die Homöopathie in Fällen praktiziert wird, in denen ganz klar konventionellmedizinische Hilfe geboten wäre. Durch die häufig angegebene Erstverschlechterung kann es gefährlich werden, wenn hier weiter abgewartet wird und auch nach Zeitverlust keine adäquate medizinische Hilfeleistung erfolgt (Weymayr und Heißmann 2012).

Inniges Arzt-Patient-Verhältnis

Aus den bereits genannten Vorzügen des therapeutischen Settings der Homöopathie geht ein weiterer Vorteil hervor: das besonders innige Arzt-Patient-Verhältnis. Im klinischen und praktischen medizinischen Alltag bleibt der Kontakt des Patienten mit dem Arzt auf wenige Minuten und eine eher unpersönliche Beziehung beschränkt.

Sicherlich unterliegen auch die konventionellmedizinisch orientierten Ärzte dem ärztlichen Ethos.

Das ärztliche Ethos

- Respekt vor der Autonomie der Patienten
  Das Autonomieprinzip gesteht jeder Person Entscheidungsfreiheit und das Recht auf Förderung der Entscheidungsfähigkeit zu. Es beinhaltet die Forderung des informierten Einverständnisses (…) vor jeder diagnostischen und therapeutischen Maßnahme und die Berücksichtigung der Wünsche, Ziele und Wertvorstellungen des Patienten.

- Nicht-Schaden
  Das Prinzip der Schadensvermeidung fordert, schädliche Eingriffe zu unterlassen. Dies scheint zunächst selbstverständ-

lich, kommt aber bei eingreifenden Therapien (z. B. Chemotherapie) häufig in Konflikt mit dem Prinzip der Fürsorge.

* Fürsorge, Hilfeleistung
  Das Prinzip der Fürsorge verpflichtet den Behandler zu akti-
  vem Handeln, das das Wohl des Patienten fördert und ihm
  nützt. Das Fürsorgeprinzip steht häufig im Konflikt mit dem
  Autonomieprinzip und dem Prinzip der Schadensvermeidung (…). Hier sollte eine sorgfältige Abwägung von Nutzen
  und Schaden einer Maßnahme unter Einbeziehung der Wünsche, Ziele und Wertvorstellungen des Patienten vorgenommen werden.

* Gleichheit und Gerechtigkeit
  Das Prinzip der Gerechtigkeit fordert eine faire Verteilung
  von Gesundheitsleistungen. Gleiche Fälle sollten gleich behandelt werden, bei Ungleichbehandlung sollten moralisch
  relevante Kriterien konkretisiert werden.

  Wikipedia, Stichwort Medizinethik

Viele Patienten haben jedoch erfahren, dass Ärzte oft weit
hinter diesem theoretischen Ideal zurückbleiben. Ziele und
Wertvorstellungen des Patienten – wann geht man in der
alltäglichen, so zeitarmen Medizin wirklich darauf ein? Am
ehesten erfahren die Patienten noch, dass sie alle gleich behandelt werden: so schnell wie möglich. Da verwundert
es nicht, wenn sie sich Therapeuten zuwenden, die ihnen
viel Zeit, ausgiebig Gehör, großes Verständnis, individuelle
Therapieentscheidungen und sogar individuell auf sie zu-
geschnittene Medikamente anbieten.

Ein (Erst-)Gespräch in der Homöopathie dauert lange,
und der Therapeut verbringt diese Zeit exklusiv mit dem
Patienten. Das weitere Vorgehen wird ebenfalls miteinander abgestimmt; meist gehört dazu, dass der Patient regel-
mäßig zu Folgegesprächen wiederkommt und kurzfristige

Zwischenabstimmungen möglich sind. Der Homöopath spielt fortan also eine große Rolle im Leben des Patienten. Ich kenne Patienten, die von weither zu „ihrem" Homöopathen anreisen, oft mit der ganzen Familie. Es sind also oft große Hoffnungen an die Person des Homöopathen geknüpft – nach meiner Erfahrung weitaus größere als an den Hausarzt.

Klar, dass eine solche Beziehung einen Einfluss auf den Patienten hat, die einem eigenständigen therapeutischen Effekt gleichkommt.

Kritikpunkte an diesem Vorgehen der Homöopathie

Die Innigkeit der Homöopath-Patient-Beziehung kann schnell zu einer Art Abhängigkeit oder gar Hörigkeit führen. Aus dem Bedarf des Patienten an einer Alternative zur wissenschaftlichen Medizin oder an menschlich-empathischer Zuwendung schlagen einige Homöopathen bewusst oder unbewusst Profit. Oft sind die Homöopathen dabei überzeugt, das Richtige zu tun. Das führt berechtigterweise zu Kritik und Häme und mitnichten zur Erfüllung des ärztlichen Ethos.

In der Psychotherapie ist zudem klar ausgeschlossen, dass der Therapeut mit seiner Persönlichkeit und seinem Charisma übergroßen Einfluss auf den Patienten nimmt. Das aber habe ich in der Homöopathie häufiger erlebt, und es ist äußerst kritisch zu sehen (Wikipedia, Stichwort Psychotherapie).

Ganzheitliches Vorgehen

Der Begriff „ganzheitlich" wird gerne verwendet, wenn es um die Homöopathie geht. Ein ursprünglich psychologischer Begriff, den vor allem Felix Krueger einführte (Über psychische Ganzheit 1926; Lehre von dem Ganzen, 1948; Zur Philosophie und Psychologie der Ganzheit, 1953). Zu Hahnemanns Zeiten gehörte der Begriff jedoch noch gar nicht zum begrifflichen Instrumentarium. Doch was bedeutet er eigentlich? Schon während meines Studiums fand ich, dass er viel suggeriert, aber oft zu abstrakt bleibt. Was bedeutet es, „ganz" gesehen und behandelt zu werden? Mir ist bewusst, dass in dieser Überlegung zum großen Ganzen die klassische Gefahr der Esoterik lauert. In dem qualitativen Sprung von einzelnen Teilen zum Ganzen liegt ja immer die Möglichkeit des naturwissenschaftlich nicht vollständig Erklärbaren – und zudem der Unschärfe und der Einfärbung im Sinne der eigenen Sichtweise. Ich habe deshalb versucht, das angeblich Ganzheitliche der Homöopathie einmal etwas näher und konkreter zu beleuchten (dazu gehört auch das folgende Unterkapitel zum homöopathischen Krankheitsbild).

In der Wikipedia findet sich folgende gute Definition der ganzheitlichen Medizin:

> Ganzheitliche Medizin ist ein Ansatz in der Gesundheitsfürsorge, wonach der ganze Mensch in seinem Lebenskontext mit der Betonung von Subjektivität und Individualität betrachtet und behandelt werden soll. (…) Danach wäre der Mensch ein strukturiertes, nach außen offenes System, dessen Teile in wechselseitiger Beziehung zueinander, zum ganzen Organismus und zur Außenwelt stünden. Zu

berücksichtigende Faktoren wären bei einer ärztlichen Behandlung demnach die Einheit von Körper, Seele und Geist, Ideale und Wertvorstellungen des Patienten, seine Lebensweise (Bewegung, Ernährung, Stress, Entspannung), die soziale Umwelt mit allen Beziehungen (Partner, Familie, Beruf, Mitmenschen, Gesellschaft), die natürliche Umwelt (Wasser, Boden, Luft, Klima), die künstliche Umwelt (Wohnraum, Arbeitsplatz, Technik) und nach teilweise vertretener Auffassung auch Übersinnliches (Religion, Glaube, Spiritualität).

> Wikipedia, Stichwort Ganzheitliche Medizin

Wer schon einmal eine homöopathische Anamnese und Behandlung erlebt hat, weiß, dass diese Gespräche sehr umfassend sein können:

> Sind die Erzählenden fertig mit dem, was sie von selbst sagen wollten, so trägt der Arzt bei jedem einzelnen Symptome die nähere Bestimmung nach, auf folgende Weise erkundigt: Er liest die einzelnen, ihm berichteten Symptome durch, und fragt bei diesem und jenem insbesondere: z. B. zu welcher Zeit ereignete sich dieser Zufall? In der Zeit vor dem bisherigen Arzneigebrauche? Während des Arzneieinnehmens? Oder erst einige Tage nach Beiseitesetzung der Arzneien? Was für ein Schmerz, welche Empfindung, genau beschrieben, war es, die sich an dieser Stelle ereignete? Welche genaue Stelle war es? Erfolgte der Schmerz abgesetzt und einzeln, zu verschiedenen Zeiten? Oder war er anhaltend, unausgesetzt? Wie lange? Zu welcher Zeit des Tages oder der Nacht und in welcher Lage des Körpers war er am schlimmsten, oder setzte er ganz aus? Wie war dieser,

wie war jener angegebene Zufall oder Umstand – mit deutlichen Worten beschrieben – genau beschaffen?

Hahnemann 2005, *Organon,* Paragraph 93

In Paragraph 94 heißt es weiter:

Bei Erkundigung des Zustandes chronischer Krankheiten, müssen die besondern Verhältnisse des Kranken in Absicht seiner gewöhnlichen Beschäftigungen, seiner gewohnten Lebensordnung und Diät, seiner häuslichen Lage usw. wohl erwogen und geprüft werden, was sich in ihnen Krankheit Erregendes oder Unterhaltendes befindet, um durch dessen Entfernung die Genesung befördern zu können.

Hahnemann 2005, *Organon,* Paragraph 94

Auch den Paragraphen 98 finde ich bemerkenswert:

So gewiss man nun auch, vorzüglich den Kranken selbst über seine Beschwerden und Empfindungen zu hören und besonders den eignen Ausdrücken, mit denen er seine Leiden zu verstehen geben kann, Glauben beizumessen hat, (…) so gewiss erfordert doch auf der andern Seite, bei allen Krankheiten, vorzüglich aber bei den langwierigen, die Erforschung des wahren, vollständigen Bildes derselben und seiner Einzelheiten besondere Umsicht, Bedenklichkeit, Menschenkenntnis, Behutsamkeit im Erkundigen und Geduld, in hohem Grade.

Hahnemann 2005, *Organon,* Paragraph 98

Zu diesem Thema, der Anamneseerhebung, finden sich noch einige weitere Paragraphen, und ich finde es erstaunlich, *wie genau* Hahnemann seine Schüler darin anwies, die Krankengeschichte des Patienten zu erfassen.

Natürlich versucht auch unsere normale Medizin, eine umfassende Anamnese zu erheben, aber, ganz ehrlich, sie bleibt in der Praxis weit hinter ihrem Vorsatz zurück. Sicher gibt es noch den guten alten Hausarzt, der sich gegen die Wegrationalisierung seines *Sprech*-Zimmers stemmt. Aber nach meiner Erfahrung bleibt er in der heutigen Medizin ein Einzelfall. Und er hat es aufgrund der Reglementierungen der modernen Medizin sehr schwer, sich so viel Zeit zu nehmen, wie es braucht, um die oben genannten Aspekte mit dem Patienten zu besprechen. Leider. In der Homöopathie jedoch ist es das A und O, sich dem Patienten in dieser ausführlichen Weise zu widmen – ob die Anamnese nun in die Breite oder in die Tiefe zielt. Es geht um den Menschen, der vor einem sitzt, mit all seinen Besonderheiten und Lebensumständen, nicht nur um ein hervorstechendes Symptom. Bei der Behandlung werden sowohl körperliche als auch seelische bzw. psychische Aspekte ernst genommen.

Die Aspekte der ganzheitlichen homöopathischen Anamnese

- Körperliches
- Emotionales
- Geistiges (Mentales), Spirituelles
- Soziales
- Familiengeschichtliches
- Krankheitsgeschichtliches

Man sucht dabei nach einer Möglichkeit, in allen diesen Faktoren einen roten Faden oder ein Muster zu erkennen, dass das Patienten-Bild spezialisiert und (traditionell homöopathisch gesehen) nach dem Prinzip der Ähnlichkeit auf das zu wählende Arzneimittel hinweist.

Damit dies nicht dazu führt, dass man von Hölzchen auf Stöckchen kommt, sondern in der Anamnese zielgerichtet vorgeht, hat sich für mich das Modell der Ebenen einer Krankheit als sehr hilfreich erwiesen, das ich noch vorstellen werde.

Kritik an diesem Vorgehen der Homöopathie:

Bis auf den unscharfen Begriff des Ganzheitlichen wird dieses Vorgehen von allen genannten Punkten am wenigsten kritisiert, da es im Grunde genommen dem Ideal der normalen Medizin entspricht (auch wenn diese nicht dazu kommt).

Das homöopathische Krankheitsbild

In unserer normalen Medizin beziehen wir uns, wenn wir von Krankheit oder Symptomen sprechen, fast immer auf einen körperlichen Funktionsausfall. In der Homöopathie dagegen werden Symptome als Ausdruck einer tieferliegenden Störung (der Lebenskraft) gesehen. Hahnemann sieht die Symptome als *„nach außen reflektiertes Bild des inneren Wesens der Krankheit, d. h. des Leidens der Lebenskraft"* (Hahnemann 2005, *Organon*, Paragraph 7).

Es gibt nichts krankhaftes Heilbare und nichts unsichtbarer Weise krankhaft verändertes Heilbare im Innern des Menschen, was sich nicht durch Krankheits-Zeichen und Symptome dem genau beobachtenden Arzte zu erkennen gäbe …

Hahnemann 2005, *Organon*, Paragraph 14

Über den schwierigen Begriff der Lebenskraft habe ich bereits gesprochen. Hier möchte ich mich mit der Frage beschäftigen, die Hahnemanns Theorie aufwirft: Wenn die Symptome nicht die Krankheit sind, was ist dann krank? Beziehungsweise wie kann man Krankheit noch beschreiben und empfinden? Diesen Fragen sind nicht nur Homöopathen nachgegangen. Auch in der wissenschaftlichen Medizin gibt es Ansätze dazu. Vor allem die Psychosomatik widmet sich der Verbindung zwischen körperlichen und psychischen Problemen. Die verschiedenen Formen der Psychotherapie sehen Ursachen für körperliche Symptome – je nach Schule mehr oder weniger eindeutig – in psychischen Problemen oder alten Prägungen.

In der Homöopathie versuchen wir von jeher, äußerliche körperliche Aspekte (Symptome) als eine Art Wegweiser zu sehen, der uns auf die tiefere eigentliche Problematik des Patienten hinweist, und darüber hinaus innere geistige und seelische Faktoren miteinzubeziehen und zu behandeln (Hahnemann 2005 und 2013; Sankaran 2003, 2005, 2009). Alles, was der Patient berichtet, ist wahr und kann gewertet und in die Behandlung miteinbezogen werden. Er darf also auch über sein Inneres sprechen. Doch was ist dieses „Innere" des Patienten? Wie lässt es sich konkretisieren?

Ich versuche, das „Innere" angelehnt an das *Modell der Ebenen einer Krankheit* von *Rajan Sankaran* zu erklären. Dies ist kein Gedanke der klassischen Homöopathie, also der Homöopathie, die unmittelbar auf Hahnemann zurückgeht (Sankaran 2005). Es handelt sich vielmehr um eine Weiterentwicklung der von Hahnemann dargestellten Grundprinzipien. Dieses Ebenen-Modell ist kein homöopathisches Allgemeingut, sondern auch für einige Homöopathen neu. Nirgendwo sonst habe ich ein so klares Konzept gefunden. Und keines, das einen so praktischen Nutzen für Therapieentscheidungen hat. Zwar geht man in der Homöopathie generell davon aus, dass die Symptome nur ein äußeres Zeichen einer inneren Verstimmung sind, jedoch weitaus weniger konkret als in diesem Modell. Über dieses Modell lassen sich Begriffe, die bislang sehr unscharf gefasst sind, wie „ganzheitlich", „individuell" oder „Inneres", besser erklären als bisher geschehen. Das ursprüngliche Modell habe ich bewusst vereinfacht und zum Beispiel eine „energetische" Ebene weggelassen, da sie uns im Hinblick auf eine wissenschaftlich vertretbare Homöopathie nicht weiterführt.

Krankheit betrifft homöopathisch gesehen den ganzen Menschen und lässt sich auf den folgenden Ebenen von außen nach innen beschreiben:

- körperliche Ebene
- emotionale Ebene
- geistige Ebene

Die Ebenen einer Krankheit

Die körperliche Ebene

Die körperliche Ebene ist in unserer wissenschaftlichen Medizin die Hauptebene und meist die einzige, auf der Krankheit betrachtet und behandelt wird. Sie entspricht in aller Regel der Diagnose. Wir sprechen zum Beispiel von „Pneumonie" und wissen, dass es sich dabei um eine Entzündung der Lunge handelt. Mit einer medizinischen Diagnose wird eine Krankheit von anderen (meistens) klar abgegrenzt. Eine Diagnose ist immer auch eine konkrete Handlungsanweisung; deshalb ist es so wichtig, eine korrekte Diagnose zu stellen, also der Krankheit den richtigen Namen geben. Falsche Diagnosen führen zu falschen Behandlungen. Der Name einer Krankheit bezieht sich immer auf die Krankheit selbst; er ist nicht spezifisch für den jeweiligen Patienten, der die Krankheit aufweist. Dies erscheint uns selbstverständlich, bildet jedoch einen entscheidenden Unterschied zum homöopathischen Denken und zu den anderen Ebenen.

Um eine korrekte Diagnose stellen zu können, ist es wichtig zu wissen, welche Symptome, Daten und Fakten diese Krankheit von anderen Krankheiten abgrenzen. Im Falle einer Pneumonie sehen wir als Ärzte typische Symptome: Husten, Fieber, Schmerzen oder Luftnot beim Atmen, Schwäche und möglicherweise Auswurf. Die Fakten und Befunde sind: bakterielle oder virale Entzündung eines Lungenareals, im Röntgenbild können sich entsprechende Veränderungen zeigen, die Laborwerte werden entsprechend erhöhte Entzündungsparameter zeigen, bei der Auskultation (dem Abhören) zeigen sich spezifische Geräusche et cetera. Jede typische Lungenentzündung geht mit solchen Symptomen, Fakten und Befunden einher. Diese Symptome und Fakten müssen von denen anderer Erkrankungen der Lunge abgegrenzt werden (z. B. akuter oder chronischer Bronchitis, Asthma). Die Symptome einer Krankheit sind spezifisch für eine Diagnose, nicht für einen Patienten. Das heißt, um genau diese Diagnose zu stellen, müssen Patienten die spezifischen Symptome, Daten, Fakten, Befunde einer Lungenentzündung aufweisen.

Im Gegensatz zur wissenschaftlichen Medizin betrachtet die Homöopathie diese körperliche Ebene nicht als für sich stehend.[1] Sie gilt ihr vielmehr als ein Ausdruck der „Störung der Lebenskraft", die sich auf einer anderen, tieferen Ebene abspielt. Die körperliche Ebene stellt man sich im homöopathischen Denken als eine Art Leinwand vor, auf die wie bei einem Schattenspiel etwas projiziert wird. Das Eigentliche aber findet anderswo statt. Zur homöopathischen Anamnese gehört demzufolge, mit dem Patienten auf die Suche zu gehen, um die tieferliegende eigentliche Ursache aufzuspüren, die bei *diesem* Patienten zu den Symptomen führt. Symptome werden in der Homöopathie zwar erfasst, sind aber nur im Zusammenhang mit der inneren Konstellation des jeweiligen Patienten von Bedeutung. Gemeinsam mit dieser Konstellation erst ergeben sie das Patienten-Bild.

Die körperliche Ebene ist die Ebene einer Krankheit, auf der wir mess- und bewertbare Befunde in Zahlen und Daten erheben können. Blutdruck, Körpertemperatur, Blutwerte, EKG-Ableitungen, Größe der Schilddrüse etc. sind objektivierbare Werte. Das unterscheidet die körperliche Ebene von den beiden anderen Ebenen, die weitaus weniger konkret fassbar sind.

Die emotionale Ebene

Der körperlichen Ebene folgt die Ebene der Emotionen. Die Homöopathie geht davon aus, dass Erkrankungen

---

[1] Im homöopathischen Sinne gehören zur körperlichen Ebene auch die sogenannten Modalitäten. Als Modalitäten werden Kriterien bezeichnet, die körperliche Beschwerden beeinflussen oder mit ihnen in Zusammenhang stehen, zum Beispiel: Welche Einflüsse verbessern oder verschlechtern? Gibt es einen charakteristischen (Tages-)Verlauf oder andere Auffälligkeiten? Die Modalitäten sind meist etwas individueller als die Fakten, manchmal auch spezifisch für bestimmte homöopathische Patienten- und Arzneimittelbilder. In der wissenschaftlichen Medizin spielen Modalitäten keine so große Rolle.

Emotionen auslösen und umgekehrt auch durch Emotionen entstehen können oder in einem anderen Zusammenhang mit ihnen stehen.

Zunächst möchte ich das Wort Emotion definieren:

> Die Emotion (von lat. ex = heraus und motio = Bewegung, Erregung) ist ein psychophysiologischer bzw. psychischer Prozess, der durch die bewusste und/oder unbewusste Wahrnehmung eines Objekts oder einer Situation ausgelöst wird und mit physiologischen Veränderungen, spezifischen Kognitionen, subjektivem Gefühlserleben und einer Veränderung der Verhaltensbereitschaft einhergeht.
>
> Wikipedia, Stichwort Emotion

Emotion bedeutet also, dass wir auf einen Reiz (bewusst oder unbewusst) mit einer *„Herausbewegtheit"* reagieren. Eine Emotion ist nicht bloß ein Gefühl, sondern ein psycho*physiologischer* Prozess. Die Emotion ist mit der Physiologie (der körperlichen Ebene) gekoppelt. Sie hat einen Einfluss auf die körperliche Ebene und kann ihrerseits von körperlichen Vorgängen beeinflusst werden.

Emotionale Beschwerden sind nun schon etwas individueller und stehen nicht mehr in einem spezifischen Zusammenhang mit der Krankheit. Während die Diagnose Pneumonie mit ihren spezifischen Symptomen bei dem einen Patienten beispielsweise Ängste auslöst, ist ein anderer Patient vielleicht eher erleichtert und froh, dass er sich für ein paar Tage ins Bett legen darf. Ein weiterer Patient ist sich sicher, dass der aktuelle Stress seiner Scheidung zu der Krankheit geführt hat. (Eine solche subjektive Einschätzung darf in der Homöopathie so stehenbleiben.)

Auf der emotionalen Ebene drücken Patienten homöopathisch gesehen ihren inneren Stress individuell aus. Gefühle, Ängste, Sorgen, Hoffnungen, Wünsche und ihre
persönliche Geschichte spielen hier (immer im Zusammenhang mit dem Symptom) eine Rolle in der homöopathischen Anamnese. Traditionell wurden die Emotionen in
den Repertorien unter „Gemützustände" oder „Gemütssymptome" dargestellt. Zu jedem Patienten-Bild gehört die
emotionale Verfassung oder auffällige Besonderheiten in
diesem Bereich. Diese individuelle Gefühlsebene erhebt der
Homöopath durch offenes Nachfragen („Wie geht es Ihnen
mit Symptom X?") und durch aktives, empathisches Zuhören und Nichtbewerten des Gesagten. Wichtig sind dabei
wiederum die gemeinsam verbrachte Zeit und das innige
Arzt-Patient-Verhältnis. Es zielt auf ein größeres Vertrau-
en zwischen den Gesprächspartnern ab. Nicht bloß um das
systematische Abfragen der Befunde und Befindlichkeiten
geht es, sondern auch darum, die Gefühle, die der jeweilige Patient mit diesen verbindet, in Erfahrung zu bringen.
Sagt ein Patient beispielsweise, er merke genau, dass seine
Symptome immer dann auftreten, wenn er gestresst sei, so
versuchen wir herauszufinden, wie sich der Patient unter
Stress fühlt, was Stress für ihn bedeutet, welche Emotionen er damit und mit seinen Symptomen verbindet und
welcher individuelle psychophysiologische Zusammenhang
zur körperlichen Symptomatik besteht.

Psychotherapeutische Verfahren arbeiten unter anderem
an den individuellen emotionalen Problemen von Patienten. Wenn es dabei auch um das Zusammenspiel von Emotionen und körperlichen Symptomen geht, ist die Psychosomatik zuständig. Hier geht es beispielsweise um die Auf-

arbeitung der individuellen Vergangenheit, spezieller Traumata et cetera. Man versucht, eine individuelle Prägung herauszuarbeiten und diese durch Gespräche bewusst und damit einer Veränderung zugänglich zu machen. Dieser Ansatz ist bereits spezifischer auf den Patienten zugeschnitten als auf eine Krankheit. Zwei Patienten mit der Diagnose Phobie (Angststörung) werden sicherlich Unterschiede in ihrer Biographie und in der genauen emotionalen Verfassung aufweisen, die eine individuelle psychotherapeutische (und gegebenenfalls eine ebenso individuelle medikamentöse) Behandlung erfordern. Diese psychotherapeutischen Behandlungsformen kommen der Homöopathie näher als die rein wissenschaftliche Medizin, da sie die emotionale Ebene anerkennen und behandeln und von einer multikausalen Krankheitsentstehung ausgehen. Die Psychotherapie fragt jedoch tendenziell eher nach dem „Warum" oder „Woher kommt es", während sich die Homöopathie auf das „Wie erleben Sie das genau" oder „Was haben die Symptome mit diesem Menschen zu tun" konzentriert.

Forschungen aus dem Bereich der Gesprächsführung in Arzt-Patient-Interaktionen kommen übrigens zu einem sehr ähnlichen Schluss, wie Hahnemann ihn nahegelegt hat:

Jeder Patient ist ein Informant, doch nicht jeder Informant ist ein guter Informant. Ob er gut ist, liegt am untersuchenden Arzt und wie er es versteht, den Denk- und Erlebenshorizont des Informanten zu eröffnen und zu erfahren. (Kohnen 2007, S. 23)

Trage zur Besserung des Patienten bei, indem du ihn nach dem biopsychosozialen Modell versorgst, indem du (…) einen narrativen Interviewstil praktizierst, indem du den

Patienten erzählen lässt, indem du (…) ihm aktiv zuhörst, indem du (ihn nach Möglichkeit nicht unterbrichst und) bei passender Gelegenheit seine Worte wörtlich wiederholst oder paraphrasierst. (…) Die Kunst der ärztlichen Gesprächsführung besteht dabei in der kommunikativen Passung (…) von verbalen Interventionen des Arztes, die nicht beliebig, sondern kontextsensitiv erfolgen muss.

(Koerfer et al. 2008, S. 70)

Diese genannten Punkte machen deutlich, dass nachhaltige Veränderungen in der Kommunikationsqualität, die das Gespräch zwischen Arzt und Patient als „Herz der Medizin" etablieren könnten, nur langfristig und durch eine konzertierte Aktion der Gesundheitspolitik sowie einen Paradigmenwechsel in der Hochschulmedizin zu erreichen sind.

Nowak 2010, Das Gespräch zwischen Arzt und Patient, Letter Laut gedacht 10.01.2010

Mit der Forderung nach einem solchen Gesprächsstil allerdings versucht die Homöopathie bereits jetzt, die emotionale Ebene des Patienten zu ergründen.

Die geistige Ebene

Sollten Sie beim ersten Lesen über den Begriff *„geistig"* stolpern, so bitte ich Sie, zunächst den Abschnitt „Die Begriffe „Geist" und „geistig"" (s. S. 125) zu lesen, um zu erfahren, was ich damit meine und warum ich diesen Begriff gewählt habe.

- „Ich habe solche Schmerzen beim Husten, als ob mir jemand ein Messer in die Seite rammen würde."

- „Ich fürchte, ich huste Ihnen im nächsten Moment meine ganze Lunge auf den Tisch, so arg ist der Husten."
- „Ich bekomme keine Luft, es ist, als ob ein schweres Gewicht, als ob ein Stein auf meiner Brust läge."

Kennen Sie solche Beschreibungen – von sich oder aus Gesprächen mit anderen? In unserem ganz alltäglichen Sprachgebrauch benutzen wir oft Bilder, Metaphern, um Krankheiten oder Symptome zu beschreiben und sie zu verdeutlichen. In unserer normalen Medizin sind solche Metaphern bedeutungslos. Wissenschaftliche Mediziner schütteln höchstens mitfühlend den Kopf, wenn ihnen ein Patient seine Beschwerden so bildhaft beschreibt. Es ist uns (noch) nicht klar, dass diese Ebene sehr wertvoll sein könnte. Von hier an wird es nämlich sehr individuell und damit höchst „*eigenheitlich*" – in Hahnemanns homöopathischem Sinn.

> … (es sind) die auffallenden, sonderlichen, ungewöhnlichen und eigenheitlichen (charakteristischen) Zeichen (…) des Krankheitsfalles, besonders und fast einzig ins Auge zu fassen.
>
> Hahnemann 2005, *Organon*, Paragraph 153

Was bedeutet das? Zwei Personen mit der gleichen Diagnose Pneumonie und mit ähnlichen Symptomen und Emotionen werden auf dieser Ebene kein gleiches Bild benutzen, um zu beschreiben, wie es ihnen geht. Wissenschaftliche Mediziner schalten hier notgedrungen ab, für Homöopathen aber wird es nun spannend. Interessant ist, dass Patienten sehr genau zu wissen scheinen, wie sie sich ihre Krankheit auf einer metaphorischen Ebene vorstellen – und sie auch so erleben. In meiner Praxis erlebe ich täglich, wie sicher sich

Patienten auf dieser Ebene bewegen. Speziell mithilfe der *Empfindungsmethode* kann es gelingen, sich im Zusammenhang mit dem Symptom bis zu einer spezifischen, höchst individuellen Empfindung vorzuarbeiten.

Was ist unter „Empfindung" zu verstehen? Um einen homöopathischen Begriff handelt es sich zunächst nicht.

Unter Empfindung wird eine Vorbedingung der Wahrnehmung und eine erste Stufe solcher neuronaler Vorgänge verstanden, die letztlich Wahrnehmung ermöglichen (Sinnlichkeit). (…) Empfindungen können daher im Gegensatz zur Apperzeption (= klare und bewusste Wahrnehmung) auch unterschwellig bzw. unbewusst und vegetativ verarbeitet werden.

Empfindung ist ein neuronaler Erregungserfolg und wird sozusagen „zuerst" in den sensorischen primären Zentren des Gehirns wirksam, bevor er dann als spezifische Wahrnehmung in anderen sekundären und tertiären Zentren des Gehirns bewusst werden kann.

Wikipedia, Stichwort Empfindung

Eine Empfindung ist also ein der Wahrnehmung vorgeschalteter Prozess, der oft unbewusst abläuft und verarbeitet wird. Habe ich die Empfindung, eine bevorstehende Situation sei sehr bedrohlich (z. B. ein Vorstellungsgespräch), so werde ich sie möglicherweise in der Tat so erleben. Das ist banal und hat an sich noch keinen medizinischen Wert. Gehen wir aber noch einen Schritt weiter und fragen unsere oben zitierten Patienten:

- „Wie muss ich mir das genau vorstellen bzw. was meinen Sie damit, wenn Sie sagen, das sei, als ob Ihnen jemand ein Messer in die Seite rammt?"

- „Sie fürchten, dass Sie gleich Ihre Lunge auf den Tisch husten könnten. Erzählen Sie mir mehr darüber: Was genau erleben Sie da?"
- „Wie erleben Sie es ganz genau, wenn ein Stein auf Ihrer Brust liegt, wie spüren Sie das, welche Empfindung macht das in Ihnen?"

Eine Empfindung ist kein Gefühl, keine Emotion, und deshalb – laut Homöopathie – eine weitere Ebene im menschlichen Bewusstsein. Eine Empfindung erweitert das Gefühl um die Dimension: Wie *spüre* ich dieses Gefühl in mir? Wie erlebe ich mich, wenn ich ein Gefühl habe (z. B. Angst)? Ein solches Empfinden lässt sich in Worte fassen und wird bei der homöopathischen Anamnese ebenfalls erfasst. In dieser ganz individuellen Empfindung finden wir – aus Sicht der Empfindungshomöopathen – genau dann den *geistigen Kern* einer Erkrankung, wenn sich diese Empfindung generalisieren lässt (also verallgemeinern und auf ein in allen Bereichen wiederkehrendes Empfinden erweitern). Erst dann wird der Begriff der Empfindung zu einem homöopathischen Begriff.

Empfindet der Patient also nicht nur ein Vorstellungsgespräch als bedrohlich, sondern ist diese Empfindung des Bedrohtseins ein Grundthema seines Lebens, dann haben wir eine homöopathisch interessante *Vital- oder Kern-Empfindung* herausgearbeitet (Sankaran 2005).

> **Die Kern-Empfindung**
> Grundsätzlich geht es darum, das an Empfindung herauszuarbeiten, was für einen Patienten nicht nur situativ, sondern allgemein gültig ist. Ab der geistigen Ebene der Empfindung handelt es sich um ein allgemein in uns gültiges Prinzip, das heißt, die Empfindung ist nicht auf die Krankheit beschränkt.

> Homöopathen postulieren, dass diese Kern-Empfindung unserer gesamten Wahrnehmung vorgeschaltet ist und wir durch sie unser gesamtes Leben und die Außenwelt wahrnehmen – und eben *auch* die Krankheit. Deshalb bietet sich die Möglichkeit, über die Krankheit, wie durch eine Art Schlüsselloch, auf unsere gesamte „falsche Wahrnehmung" zu stoßen.

In der Homöopathie nimmt man an, dass solche Vorstellungen einen unbewussten Stresszustand erzeugen. Wer sich innerlich dauernd bedroht vorkommt, wird das nicht gerade als entspannend erleben. Insofern können solche unbewussten Vorstellungen und Empfindungen – homöopathisch gesehen – einen Einfluss auf das Stresslevel eines Patienten haben und so auf lange Sicht zu gesundheitlichen Beeinträchtigungen führen. In umgekehrter Richtung können solche Empfindungen und Vorstellungen Krankheiten beeinflussen. Dazu später mehr.

> Diese geistige Ebene gilt als hochspezifisch für den Patienten, nicht für eine spezielle Krankheit.

Die größte Besonderheit des homöopathischen Gesprächs kommt vielleicht der geistigen Ebene zu. Hier können schon während des Gesprächs bisher unbewusste Empfindungen, Vorstellungen oder Glaubenssätze herausgearbeitet werden. Gegebenenfalls lässt sich auch eine generalisierbare Kern-Empfindung aufspüren. Solche Kern-Empfindungen werden homöopathisch als die Ursache eines gesteigerten Stress-Empfindens des Patientens angesehen, weil sie ihn die Außenwelt und sich selbst nicht neutral wahrnehmen lassen. Durch Bewusstmachen der Diskrepanz zwischen

Realität und Wahrnehmung tritt im besten Fall eine Selbsterkenntnis ein; davon geht die Methode aus. Dass Empfindungen einen Einfluss auf den Körper haben können, gilt
auch in psychologischen Fachkreisen als akzeptiert, so zum
Beispiel von Karl Jaspers.

> Als Störung des Empfindens bezeichnet Karl Jaspers be-
> stimmte Anomalien des Gegenstandsbewusstseins, die als
> Veränderungen der Wahrnehmungsfähigkeit aufgefasst
> werden können. Hier sind zunächst Intensitäts- und Qua-
> litätsveränderungen sowie abnorme Mitempfindungen als
> Wahrnehmungsanomalien zu unterscheiden. Diese Stö-
> rungen können sich auch als Anomalien der Gefühle und
> Gemütszustände oder als *Störung psychosomatischer Grund-
> tatsachen* bemerkbar machen.
>
> Wikipedia, Stichwort Empfindung,
> Unterpunkt Psychopathologie

In der Medizin aber ist dieses Wissen bisher nicht angekommen, jedenfalls nicht in dem Sinne, dass es therapeutisch
genutzt würde. In der Homöopathie hingegen liegt auf der
individuellen Empfindung des Patienten der Hauptfokus.
Unter Mithilfe des Therapeuten findet wünschenswerter-
weise infolge der Empfindungs-Selbsterkenntnis eine situationsgerechte Selbstveränderung statt.

Traditionell wurden diese geistigen Aussagen unter den
Rubriken „Wahnideen" oder „Als-ob-Symptome" dargestellt.
Dabei verstand man „Wahnidee" nicht im psychiatrischen
Sinne, sondern eher als Bezeichnung für besonders eigene
Empfindungen. Den Begriff „Als-ob-Symptome" gebraucht
man deshalb, weil viel Sätze von Patienten so lauten: „Es ist,
als ob ...", zum Beispiel: „... als ob ich gefangen wäre".

Die wissenschaftliche Medizin hat für diese Ebene kein Äquivalent. Sie kennt allenfalls Patienten, deren Wahrnehmung so krankhaft verschoben ist, dass sie sich davon nicht mehr distanzieren können (z. B. bei Paranoia, Phobien, Schizophrenie). Andere geistige Lehren, Heilmethoden oder Vorstellungen beschreiben zwar ebenfalls eine solche individuelle vorgeschaltete Empfindung, die unsere gesamte Wahrnehmung beeinflussen kann, sind aber nicht Teil der Medizin. Viele solcher spirituellen Lehren zielen darauf ab, sich von dieser individuellen Empfindung (den sogenannten *Glaubenssätzen*) frei zu machen. Mit der Homöopathie verschaffen wir uns im Idealfall einen recht konkreten Zugang zu dieser Ebene. Teil der Medizin ist diese Ebene aber bisher nicht. Auf solche individuellen Empfindungen und Aussagen (im Zusammenhang mit dem Symptom und auch generell) könnte ich als normale Ärztin also nicht eingehen. Mit der Empfindungsmethode hingegen kann es gelingen, eine generalisierte Empfindung aufzuspüren und herauszuarbeiten, die bisher der Wahrnehmung vorgeschaltet war und – nach der Lehre der Homöopathie – zu Stress geführt hat. Ob die Empfindungsmethode anderen psychologischen Methoden (z. B. der Akzeptanz- und Commitment-Therapie) ähnlich oder gar überlegen ist, kann hier nicht erörtert werden.

Kleiner Einschub für Homöopathen, die sich mit der Empfindungsmethode auskennen

Ich unterscheide nicht – wie Sankaran – zwischen der *delusion* (Vorstellung, Wahnidee) und der *sensation* (Empfindung). Den Schritt, dass die Empfindung im Menschen durch die „energetische" Verbindung zum Arzneimittel entsteht, vollziehe ich nicht mit. Das ist der Teil der Homöopathie, den ich verlassen möchte. Ich erkenne an, dass die Empfindungsmethode einen Zugang zu spezifischen menschlichen Empfindungen und Vorstellungen bietet, die dem Patienten bisher nicht bewusst waren und die ihn stressen können. Ich halte die Empfindung für eine erweiterte menschliche Vorstellung. Insofern kann sich ein Patient beispielsweise als „gefangen und eingeschnürt" empfinden und diese Empfindung sehr genau und detailliert beschreiben. Es bleibt jedoch eine *sensation,* die in der menschlichen Vorstellungskraft entsteht, und ist mitnichten das Äquivalent zum „*Geist des Medikaments".* Ich teile nicht die Auffassung, der Patient spräche auf der Empfindungsebene „*als sein Medikament",* sozusagen direkt aus der Quelle. Ich teile also nicht die klassische Ansicht, der Patient spräche über eine nicht menschliche Empfindung, nämlich die seines Arzneimittels.

Therapeutisch gesehen können wir dem Patienten seine Empfindung bewusstmachen und ihn bei dieser Selbsterkenntnis begleiten und anleiten.

Wir können aber nicht behaupten, wir *wüssten,* wie eine Anacardiaceae oder ein Adler (schlimmer vielleicht noch: Elektrizität, Hundemilch, Tuberkelbazillen) empfinden und wie sie als Quelle zu uns sprächen. Das sind menschliche Zuschreibungen (Anthropomorphisierungen), die wir hier vornehmen und die wir uns vielleicht *vorstellen* können, die aber sicherlich keine Tatsachen sind.

Meiner Meinung nach kommen wir über die *delusion*-Ebene nicht hinaus, ohne in große Erklärungsnöte zu geraten.

Ebenen einer Krankheit – Zusammenfassung

In Tabelle 4.1 fasse ich die Ebenen einer Krankheit und ihre Besonderheiten noch einmal kurz zusammen.

Wir arbeiten uns über die Ebenen sozusagen vom Äußeren bis ins Innere vor. Dies geschah und geschieht in der Homöopathie mitnichten immer so gut differenziert, wie hier dargestellt. Nicht alle Homöopathen nutzen dieses Denkmodell. Vielmehr geht oft eine bunte Mischung aus den drei Ebenen in das Patienten-Bild ein, wobei

Tab. 4.1 Ebenen einer Krankheit

Körperliche Ebene	Wenig individuell, spezifisch für die Krankheit	In der wissenschaftlichen Medizin die Hauptebene
Emotionale Ebene	Relativ individuell	In der Psychotherapie die Hauptebene. Die Psychosomatik konzentriert sich auf die Verbindung zwischen dieser und der körperlichen Ebene.
Geistige Ebene	Zunehmend individuell, spezifisch für den Patienten	In der Homöopathie und Spiritualität die Hauptebene, teilweise auch in der Psychotherapie.

eine Wertung nicht frei von Interpretationen vonseiten des Homöopathen ist. Hier wird oft vereinfacht oder verallgemeinert (schließlich muss das Gemütssymptom im Repertorium gefunden werden), was zu einem ähnlichen Schubladendenken wie in der wissenschaftlichen Medizin führen kann. Wessen Symptome durch Wärme und Waschen schlechter werden, wer öfter ärgerlich und rechthaberisch ist und unter der Wahnidee leidet, er habe mehr recht als andere, ist eben ein Sulfur-Patient. Wer aber sensibel und weinerlich ist, wer gerne geliebt und gekuschelt werden möchte, Eis mag, aber schlecht verträgt und keinen Durst hat, ist eben eine Pulsatilla. Dieses Denken halte ich für wenig individuell und offen. Hier zeigt sich kein Vorteil der Homöopathie gegenüber anderen Methoden – obschon andere Ebenen als die rein körperliche miteinbezogen sind.

Mir ist bewusst, dass man in der wissenschaftlichen Medizin nicht in diesen Ebenen denkt. Krankheit ist dort in erster Linie ein körperliches Problem. Aber ich finde es faszinierend an der Homöopathie, dass sie weitere Aspekte miteinbeziehen möchte. Sicher geschieht dies teilweise noch sehr unsystematisch und an der Grenze zur Esoterik. Aber interessant finde ich diesen Gedanken dennoch – zumal er das Wichtigste von alledem zu sein scheint, was die Patienten bei den Homöopathen zu finden hoffen. Der Nutzen dieser Ebenen-Aufteilung besteht für mich als Therapeutin in der klaren Abgrenzung geistig-mentaler Probleme von körperlichen oder emotionalen. Je tiefer wir auf den Ebenen in einem Patientengespräch kommen, umso individueller stellt sich uns das Problem dar. Und umso ganzheitlicher erfassen wir die Problematik eines Patienten. Dieser fühlt sich in seinem ganzen Wesen und in seiner Kernproblematik ernstgenommen und in der Tat „ganz" behandelt.

> **Der Nutzen des Ebenen-Modells**
> Teilt man Krankheiten in Ebenen ein, auf denen sich die Hauptproblematik des Patienten abspielt, so lässt sich Krankheit detaillierter und individueller beschreiben, als das in der Medizin bisher möglich war. Neu ist, dass dies auch einen Zugang zum geistigen Teil des Menschen bietet.
> Dieser Zugang ermöglicht es, sich von einer krankheitsspezifischen Diagnose zu einer patientenspezifischen Diagnose vorzuarbeiten („Kern-Empfindung").

Während die wissenschaftliche Medizin die Symptome im Blick hat, hat die solchermaßen ganzheitlich praktizierte Homöopathie den jeweiligen Patienten und dessen individuelle Kernproblematik im Blick. Gleichzeitig würde das Denken in Ebenen jedoch auch bedeuten, Krankheiten, bei denen ganz klar eine materielle Ursache vorliegt (z. B. bakterielle Blasenentzündung, gesicherter mikrobiologischer

Befund), auch materiell zu behandeln (z. B. Gabe eines Antibiotikums).

Hahnemann schreibt aber doch, dass es einzig die Lebenskraft sei, die bei Krankheiten gestört ist. Wie passt das nun zu den Ebenen einer Krankheit?

> Einzig die krankhaft gestimmte (geistige) Lebenskraft bringt die Krankheiten hervor, so dass die, unsern Sinnen wahrnehmbare Krankheits-Äußerung zugleich alle innere Veränderung, (…) der innern Dynamis ausdrückt und die ganze Krankheit zu Tage legt.
>
> Hahnemann 2005, *Organon*, Paragraph 12

Wo finden wir diese Lebenskraft im Ebenen-Modell wieder?

Auf der geistigen Ebene sind Krankheiten auch als geistige Vorstellungen erlebbar – hochindividuell und eigenheitlich. Hier ist es zudem auch möglich, sich eine Lebenskraft als geistige Idee vorzustellen. Wenn *„die Lebenskraft (uns) alle Empfindung verleiht"* (Organon, *Paragraph 10),* so ist über diese Empfindung die Störung der Lebenskraft auffindbar. Geistige Probleme sind Vorstellungs- oder Wahrnehmungsprobleme, die uns meist nicht bewusst sind. Hahnemann hat diese Probleme sehr blumig „Störung der Lebenskraft" genannt (heute nennen wir sie etwa „Stress", was ein ebenso unscharfer Begriff ist). Ich akzeptiere das als geistige Vorstellung, nicht als Tatsache oder gar physikalische Größe. Dann ist es eine Metapher auf der geistigen Ebene – dort können wir sie ohne Weiteres akzeptieren. Und – nicht ganz unwichtig – einer Behandlung zuführen, indem wir ihr neue Vorstellungen und Informationen gegenüberstellen (z. B. *„Die Globuli werden mir helfen, meine Gesundheit wiederzuerlangen und den Weg der Heilung zum Ziel zu führen"*). Darauf komme ich in späteren Passagen ausführlich zu sprechen.

Die Begriffe „Geist" und „geistig"

Wenn man Hahnemanns Texte im *Organon* liest, trifft man häufig auf das problematische Wort „Geist" oder „geistig", „geistartig". Auch ich verwende diese Begriffe in diesem Buch. Damit kann man natürlich sofort alles Mögliche assoziieren. Die Homöopathen meinen damit wohl etwas Übergeordnetes, etwas dem rein Materiellen qualitativ Überlegenes. Kritiker jedoch schreien bei diesen Worten auf, zu sehr erinnert es an Geistheilung oder gar Geisterbeschwörung – also an Humbug, mit dem wir in der Medizin nichts zu tun haben wollen. Ich habe zum Beispiel kürzlich auf einer Diskussionsplattform im Internet zum Thema Homöopathie das Wort „Geist" benutzt und war überrascht, dass die Antwort eines Kritikers lautete: „Es gibt keine Geister." Um keine solchen Missverständnisse aufkommen zu lassen, möchte ich das Wort „Geist" deshalb genau definieren. Eine ausführliche Zusammenfassung zum Begriff „Geist" (und nicht „Geister") findet sich auf Wikipedia. Diesem Text habe ich entnommen:

Bezogen auf die allgemeinsprachlich geistig genannten kognitiven Fähigkeiten des Menschen bezeichnet Geist das Wahrnehmen und Lernen ebenso wie das Erinnern und Vorstellen sowie Phantasieren und sämtliche Formen des Denkens wie Überlegen, Auswählen, Entscheiden, Beabsichtigen und Planen, Strategien verfolgen, Vorher- und Voraussehen, Einschätzen, Gewichten, Bewerten, Kontrollieren, Beobachten und Überwachen, die dabei nötige Wachsamkeit und Achtsamkeit sowie Konzentration aller Grade bis hin zu hypnotischen und sonstigen tranceartigen Zuständen auf der einen und solchen von Überwachheit und höchstgradiger Geistesgegenwärtigkeit auf der anderen Seite.

Wikipedia, Stichwort Geist

Thomas Metzinger (geb. 1958), einer der deutschen Philosophen, der den Austausch der Philosophie mit den Neuro- und Kognitionswissenschaften sucht und sich viel mit der philosophischen Interpretation der Suche nach neuronalen Korrelaten des Bewusstseins und des Geistes beschäftigt hat, schreibt:

Unser wissenschaftlich-philosophisches Selbstverständnis (befindet sich) in einem fundamentalen Umbruch. Unsere Theorien über uns selbst ändern sich, insbesondere das Bild unseres eigenen Geistes (…): Genetik, kognitive Neurowissenschaft, evolutionäre Psychologie und die moderne Philosophie des Geistes liefern uns schrittweise ein neues Bild von uns selbst, ein immer genaueres theoretisches Verständnis auch der (…) geistigen Tiefenstruktur, ihrer neuronalen Grundlage und ihrer biologischen Geschichte. Wir beginnen nun – ob wir es wollen oder nicht – auch unsere mentalen Fähigkeiten zunehmend als natürliche Eigenschaften unserer selbst zu begreifen, als Eigenschaften mit einer biologischen Geschichte, die mit den Methoden der Naturwissenschaften erklärt (…) werden können.

Metzinger 2013, S. 3

Ich verwende „Geist" nur in diesem Sinne (und distanziere mich bewusst von einer esoterischen oder gläubigen oder ursprünglich homöopathisch-schwammigen Auslegung):

> Der Geist ist die kreative Instanz des Bewusstseins in einem Menschen, die dem Verstand übergeordnet ist und sich gleichzeitig basal durch naturwissenschaftliche Prinzipien erklärt.

Dabei gilt, dass der Geist des Menschen sich zwar nicht einfach auf Physik und Biologie reduzieren lässt, aber trotzdem mit der Naturwissenschaft in Einklang steht.

Das wissenschaftliche Prinzip der *Emergenz* besagt, dass das Ganze mehr sein kann als die Summe seiner Teile, dass also das Auftreten neuer, höherwertiger (komplexer) Qualitäten beim Zusammenwirken von niederen Faktoren möglich ist. Aus vielen Zellen entsteht der Mensch, der sich nicht mehr als bloßer Zellhaufen verstehen lässt. Aus Physik und Biologie (und Physiologie) entsteht das menschliche Bewusstsein, entstehen Gedanken, Gefühle oder eben der Geist. Lässt sich das große Ganze dabei allein aus den einzelnen Teilen ableiten bzw. auf sie reduzieren? Ein uraltes philosophisches Problem, das mehrere Antworten möglich scheinen lässt – von „Auf jeden Fall" bis „Nein, natürlich nicht".

In den Natur- und Geisteswissenschaften und ihrem Denken über den Menschen herrscht die Meinung vor, dass es nichts Unnatürliches geben kann. Das Phänomen des Geistes lässt sich zwar nicht 1:1 aus der Physik herleiten, widerspricht ihr aber auch nicht. Das *Mehr* des Ganzen erklärt sich aus Synergien der einzelnen basalen Faktoren, die aber für sich genommen logisch bleiben. Nicht ganz leicht, das zu verstehen; auch die Wissenschaft von der Evolution bemüht sich seit Langem um stimmige Hypothesen (Schmidt-Salomon 2014). Fest steht, dass sich aus relativ einfachen Einzellern in der Ursuppe im Laufe vieler Jahrmillionen intelligente und empfindende menschliche Gehirne entwickelten. Bei dieser Entwicklung trat aber nicht irgendwann ein Wunder auf, und plötzlich war der menschliche Geist da, sondern es vollzogen sich komplexe Veränderungen *innerhalb* der Gesetze von Evolution, Physik und Biologie. Nun sind unsere Gehirne so komplex und intelligent, dass wir uns selbst erforschen können. In vielen Bereichen können wir uns uns selbst bereits absolut befriedigend erklären, so dass wir, anders als zu Hahnemanns Zeit, keine Lebenskraft, keine geistige Energie etc. mehr anzunehmen brauchen, um uns zu verstehen. In diesem Sinne sehe ich den menschlichen Geist und würde gerne mehr von ihm in der Medizin beachtet und betrachtet finden. Die Homöopathie bietet dazu einen kleinen Ansatz, denn sie möchte auch den menschlichen Geist umfassen – heute allerdings längst nicht mehr im „geistartigen" Sinn.

Der Geist des Menschen befähigt ihn, Ideen und Vorstellungen zu entwickeln oder sich davon beeinflussen zu lassen.[2] Durch den Geist ist der Mensch in der Lage, komplexe Zusammenhänge zu erfassen und Ideen zu entwickeln. Wenn wir zum Beispiel eine Mathematikaufgabe lösen, so ist das eine Leistung des Verstandes, also eine Denkleistung. Wenn wir diese Mathematikaufgabe aber dazu nutzen, die

---

[2] Dies ist eine von vielen möglichen Positionen in einer Fülle von (para-)wissenschaftlichen, psychologischen und philosophischen Betrachtungen. Ich habe mich pragmatisch für diese Position entschieden, weil sich die später folgenden Erklärungen, weshalb die Homöopathie wirken kann, darauf aufbauen lassen.

Statik eines Gebäudes abzuschätzen und voraussagbar zu machen, so ist das eine komplexe geistige Leistung. Das Gebäude existiert noch nicht, es befindet sich im Stadium der Planung nur im Kopf des Planenden. Es ist also eine Idee. Bis zur Fertigstellung und Überprüfung der Statik bleibt es ein ideelles Konzept, das durch Planen, Durchdenken, Entscheiden, Einschätzen oder Bewerten im Kopf (im Geist) verändert werden kann. Ohne Geist könnten Sie dieses Buch zwar lesen, aber keinen persönlichen Nutzen für sich daraus ziehen oder sich eine Meinung darüber bilden. Der Geist ist also mehr als der Verstand oder bloße Gedanken; der kreative Teil darin lässt ihn dem Verstande übergeordnet sein. Im menschlichen Geist können wir Vorstellungen, Bilder und Metaphern entstehen lassen und begreifen.

Bezogen auf die Homöopathie ist der Geist überaus bedeutsam, wie in dem Abschnitt „Die Ebenen einer Krankheit" bereits genauer dargelegt wurde. Hier sei nur betont, dass sich der menschliche Geist durch Vorstellungen wie „Das wird mir helfen" beeinflussen lässt. Mit der Homöopathie kann es möglicherweise gelingen, diese Beeinflussung als Therapie zu nutzen – wenn wir den Geist als einen normalen Teil unseres menschlichen Daseins betrachten, der neben dem körperlichen und emotionalen Anteil besteht. Wir sollten uns also von der Sorge frei machen, dass sich hinter dem Begriff etwas Esoterisches oder Unkonkretes verbirgt. Dass Gesundheit auch geistige Aspekte umfasst bzw. dass bei einer Krankheit auch der Geist des jeweiligen Menschen betroffen ist, ist in unserer normalen Medizin jedoch (noch) eine sehr ungewohnte Vorstellung, der ich mich weiter unten nähern werde.

Homöopathische Medikamente und der Placebo-Effekt

Die Homöopathie ist traditionell eine Arzneitherapie. Als solche wird sie auch von Patienten in Anspruch genommen. Sie suchen meist natürliche, sanfte, nebenwirkungsfreie Medikamente, die ihnen die Hoffnung geben, auch abseits der normalen Medizin etwas für sich und ihre Gesundheit tun zu können. (Auf die Problematik dieses verständlichen Patientenwunsches bin ich bereits in den Abschnitten „Etwas tun können" und „Keine Nebenwirkungen" eingegangen.)

Traditionell bekommen die Patienten in der Homöopathie Arzneimittel verordnet, die nach dem Prinzip der Ähnlichkeit ausgewählt werden. „Ähnlichkeit" bedeutet in der Homöopathie, dass man mit einem Medikament, das bei einem Gesunden bestimmte Symptome erzeugt, eine Krankheit heilen könne. Dies geschieht, indem das Medikament im Patienten eine ähnliche Kunst-Krankheit hervorruft, die sein Körper dann verarbeitet und in der Folge die eigentliche Krankheit überwindet. In den homöopathischen Arzneimittelbildern ist sehr detailliert festgehalten, welchen Zustand die Einnahme der Medikamente beim Gesunden hervorgerufen haben und für welche Zustände man sie folglich verschreiben kann. Dies betrifft sowohl körperliche als auch emotionale und geistige Aspekte. Doch wie können wir aus diesem Gedanken auch dann einen Nutzen ziehen, wenn wir festgestellt haben, dass in den homöopathischen Arzneimitteln ja gar nichts Ähnliches, sondern in der Tat nichts enthalten ist und dass die in den Arzneimittelprüfungen erstellten Arzneimittelbilder durch ein Placebo erzeugt wurden und damit höchst fragwürdig sind? Lässt sich dieses homöopathische Grundprinzip noch aufrechterhalten?

Nicht aufrechterhalten werden kann die Theorie Hahnemanns, dass via Globuli tatsächlich eine der Krankheits-Energie ähnliche Arznei-Energie bzw. -Information wirksam wird. In diesem Sinn ist die Theorie der Ähnlichkeit komplett zu verwerfen.

Hilfreich daran könnten im übertragenen Sinne jedoch andere Aspekte sein:

- Zunächst einmal ist es für den Patienten hilfreich, wenn er merkt: „Es gibt Hilfe für meine Beschwerden. Ich bilde mir das alles nicht nur ein. Der Homöopath erkennt darin ein ähnliches und ihm bekanntes Muster, das sich behandeln lässt." Allein diese Gewissheit kann bereits eine Hilfe sein. Ich vermute, dass sich darüber hinaus auf geistiger Ebene noch mehr abspielt. Dabei ist es jetzt besonders hilfreich, dass in den Globuli „nichts Richtiges drin" ist. Denn dadurch ist sozusagen Raum für genau die Information, die der Patient benötigt. Ich komme darauf zurück.
- Der homöopathische Therapeut ist offen dafür, eine individuelle geistige Problematik aufzuspüren bzw. den Patienten beim Aufspüren einer solchen Problematik zu leiten und zu begleiten, ausgehend von der führenden Symptomatik (dem Hauptsymptom). Er ist sich sicher, dass es dafür ein ähnliches Bild bzw. Medikament gibt, und diese Sicherheit vermittelt sich dem Patienten. Da der Homöopath weiß, dass es die Ebene der geistigen Aspekte einer Krankheit gibt, und vor dieser nicht zurückschreckt, kann er sie auch erkennen und den Patienten auf dieser Ebene behandeln und begleiten.

- Der Patient, der sich nicht mehr „verrückt" vorkommen muss, sobald er sich diesem Kern seiner Beschwerden zuwendet, beobachtet sich selbst eingehender, wohlwollender, umfassender und nimmt sich folglich besser wahr. Er kann somit seine Bedürfnisse klarer erkennen und entsprechend handeln, um seine Situation zu verbessern.

Diese Punkte ließen sich genauer untersuchen; sie haben nichts mit dem ursprünglichen Prinzip der Ähnlichkeit von Arzneimittel- und Patientenbild zu tun. Was der Patient aus der homöopathischen Anamnese aber mitnehmen kann, ist ein für ihn stimmiges Gesamtbild im Sinne von: „Ach, so hängt das alles bei mir zusammen."

Der besondere Zusammenhang zwischen der Homöopathie und dem Placebo-Effekt

Wir arbeiten in einem homöopathischen Gespräch heraus, auf welcher Ebene der Patient seine Kernproblematik verspürt, und behandeln dann genau diese mit den Globuli. Die Globuli tragen also immer genau die benötigte Information. Denn wir vermitteln dem Patienten als Homöopathen: Was auch immer wir erzählt bekommen, für uns macht es Sinn und lässt sich immer in ein ganz individuelles und spezifisches Arzneimittel übersetzen. Steht die körperliche Symptomatik im Vordergrund, verschreiben wir die Globuli zum Beispiel für die heftigen, lähmenden Rückenschmerzen, die am Anfang einer Bewegung besonders stark sind. Auf emotionaler Ebene verschreiben wir (die gleichen Globuli) für die Sorge, die damit verbunden ist, und auf geistiger Ebene für die Empfindung, man sei generell gefangen, gelähmt und würde doch gerne frei und beweglich sein. Um auf der geistigen Ebene einer Krankheit, die ja die Ebene der Bilder und Vorstellungen ist, eine Veränderung oder Bewusstwerdung anzustoßen, helfen eben Bilder und Vorstellungen. Die Vorstellung „Das wird mir helfen" hilft. Dies ist nun aber genau die Definition des Placebo-Effekts.

Ein Placebo (lateinisch von ‚ich werde gefallen') ist ein
Scheinarzneimittel, welches keinen Arzneistoff enthält und
somit auch keine durch einen solchen Stoff verursachte
pharmakologische Wirkung haben kann. Placebo-Effek-
te sind positive Veränderungen des subjektiven Befindens
und von objektiv messbaren körperlichen Funktionen, die
der symbolischen Bedeutung einer Behandlung zugeschrieben werden. Sie können bei jeder Art von Behandlung auftreten, also nicht nur bei Scheinbehandlungen.

Wikipedia, Stichwort Placebo

Sieht man sich die Definition des Placebo-Effektes an, so
kann es (da wir geklärt haben, dass die homöopathischen
Medikamente substantiell wirkungslos sind) kaum einen
Zweifel geben, dass sie über diesen Effekt wirken. Sie enthalten nichts als die Bedeutung: „Ich werde dir bei genau
deinen Beschwerden helfen."

> Der Placebo-Effekt besagt nicht, dass ein Medikament nicht
> wirkt – nur wirkt es nicht über pharmakologische Inhalts-
> stoffe.

Es ist nichts drin, und dennoch geschieht etwas, das wir sehen und als Patienten spüren können. Insofern kann man
den Homöopathen recht geben, wenn sie behaupten: Die
Homöopathie wirkt! Und man kann sich vorstellen, dass
sie umso besser wirken müsste, je näher das „Medikament"
dem genauen individuellen, subjektiven Empfinden der
Kernproblematik kommt. Der Effekt müsste umso größer
sein, je mehr der Patient spürt: „Das wird *mir* gefallen/gut
tun." Die Patienten bekommen nun also *ihre* Globuli und

glauben an ihre Wirksamkeit, die *genau auf sie und ihre spe-
ziellen Beschwerden abgestimmt* ist – und siehe da, sie wirken.
Dieser Effekt wird durch die Sorgsamkeit des Therapeuten,
mit der er eine Arzneimittelwahl vollzieht, noch unterstützt.

Wenn das eine Medikament nicht wirkt, wird ein weiteres ausgewählt; der Patient hat zwar vielleicht ein bisschen
Vertrauen verloren, aber meist überwiegt die Hoffnung.
Und der Placebo-Effekt unterstützt erneut eine Verände-
rung. Offenbar lässt sich dieser Placebo-Effekt auch wie-
derholen, wenn die Patienten ihr Medikament zu Hause
(im akuten Krankheitsfall oder bei akutem Rückfall) im
Rahmen der Selbstbehandlung einnehmen. Je genauer die
Einnahmevorschrift und je komplizierter die Dosierung
– das weiß man aus konventionellmedizinischen Placebo-
Studien (Wikipedia, Stichwort Placebo) –, umso größer der
Placebo-Effekt. Etwa so:

„Rühren Sie drei Globuli so lange (im Uhrzeigersinn!),
bis sie sich aufgelöst haben, in einem halbvollen Glas Lei-
tungswasser, und nehmen Sie von dieser Lösung alle zwei
Stunden einen Holz- oder Plastik-Teelöffel voll, nachdem
Sie die Lösung zuvor noch einmal kräftig umgerührt haben.
Im Wechsel mit zwei Globuli direkt auf die Zunge gelegt,
bis sie sich aufgelöst haben, alle 4 h, jeden zweiten Tag. Vermeiden Sie in dieser Zeit Kaffee, Minze und andere starke
Einflüsse, und sorgen Sie für ausreichend Schlaf."

Eines der Hauptargumente gegen eine reine Placebowirkung der Homöopathie ist, dass sie ja auch bei Kindern
und Tieren wirke. Kinder und Tiere würden nicht von
dem homöopathischen Setting oder dem positiven Place-
bogedanken („Das wird mir helfen") profitieren und seien
deshalb auch nicht über einen Placebo-Effekt beeinflussbar.
Dies jedoch ist ein Trugschluss. Allein die ganz normale

Zuwendung des Gebenden (Vater oder Mutter, Tierhalter) reicht für das Auslösen von Placebo-Effekten aus. Es kommt noch hinzu, dass sich die eigene Stimmung des Gebenden, die Erleichterung, etwas für die Schutzbefohlenen tun zu können und die Erwartung einer Besserung, zusätzlich auf Kind oder Tier überträgt. Diesen Effekt nennt man „Placebo per proxy", also auf einem „Umweg" wird die vom Therapeuten oder dem Tierarzt den Eltern bzw. dem Tierhalter vermittelte Zuversicht auf Kind oder Tier übertragen und damit der Effekt ausgelöst. Die große Sensitivität gegenüber Stimmungen und Befindlichkeiten der Bezugspersonen bei Kindern und Tieren kommt diesem Effekt zusätzlich zugute. Im Grunde, das werden aufmerksame Eltern ebenso wie fürsorgliche Tierhalter bestätigen, ist dies eine Alltagserfahrung. Die angebliche Unmöglichkeit eines Placebo-Effektes bei Kindern und Tieren geht daher als Argument für eine spezifische Wirkung der Homöopathie fehl.

Noch einmal möchte ich klarstellen: Die Homöopathie möchte Teil der Medizin sein; sie muss ihre Wirkung also in wissenschaftlichen Studien beweisen, da dies nun einmal die gängige Vorgehensweise ist. Einzelne Beobachtungen sind erfreulich, aber kein Beweis einer Wirkung. Eine Wirkung über einen Placebo-Effekt hinaus wurde in keiner Studie jemals festgestellt, und der *Lancet* (ein international sehr renommiertes medizinisches Fachjournal) titelte bereits 2005 nach den Erkenntnissen einer großen Studie dazu (Shang et al. 2005): „The end of homoeopathy – Das Ende der Homöopathie." Geändert hat das bislang nichts.

Nun noch einmal zu der Information, die laut Homöopathen in den Globuli enthalten sein soll: Die Globuli enthalten in der Tat eine Information. Allerdings keine ominöse energetische, sondern vielmehr eine tatsächliche und wortwörtliche. In ihnen steckt immer genau *die* Information (oder vielmehr Bedeutung), die der Patient benötigt. Wenn Krankheit auf Ebene drei als geistiges Problem beschrieben und erlebt werden kann, dann lässt sie sich durch eine geistige Vorstellung (eine Idee oder Information auf der gleichen Ebene) möglicherweise verändern. Es braucht dafür also in der Tat kein Medikament zur Heilung.

> Die Globuli sind Träger einer Bedeutung und einer individuellen Autosuggestion, keine Medikamente im eigentlichen Sinn.

Nur in diesem Sinne können wir Hahnemanns Vorstellung heute noch gelten lassen.

Um diesen geistigen Teil der Krankheit herauszuarbeiten, braucht es jedoch die Empfindungsmethode in der Homöopathie (oder andere moderne Verfahren wie Scholtens systematische Homöopathie oder die Sehgal-Methode mit mentalem *King-pin*). Ein reines Symptome-Abfragen, Fragebogen-Ausfüllen oder die Selbstbehandlung mittels Quickfinder führt nicht an diese Punkte. Wir leiten als homöopathische Therapeuten dazu an, ausgehend vom körperlichen Symptom und über die emotionale Ebene eine geistige Selbsterkenntnis zu erfahren und in der Folge im Idealfall eine Selbstveränderung zu unternehmen. Das wäre homöopathische Therapie ohne homöopathische Arzneimittel und ginge (vermutlich) über einen Placebo-Effekt hinaus. Es bleibt aber (noch) offen, ob andere psychologische Verfahren der Homöopathie hierin nicht weit überlegen sind und bereits valide Ergebnisse vorweisen können.

Denn innerhalb der Homöopathie gibt es, wie gesagt, so viele Unterschiede, auch was die Anamneseführung anbetrifft, dass weitere Untersuchungen in diesem Bereich eine vorherige Einigung der Homöopathen nötig machen würde.

In meiner täglichen Praxis bedeutet diese Erkenntnis zunehmend, dass ich bei Patienten, mit denen ich durch die Empfindungsmethode ein geistiges Kern-Thema herausgearbeitet habe, dieses genau benenne. Im Falle meines Eingangsbeispiels bedeutet das: Ich bespreche mit Frau M., dass ihre Grundproblematik auf der geistigen Ebene in einem „Sich-generell-gefangen-und-eingeschränkt-Fühlen" besteht. Für diese Problematik gebe ich ihr ein homöopathisches Medikament. Diese wortwörtliche Information gebe ich ihr also mit den Globuli. Sie führt die Veränderung in ihrem Leben auf die Globuli zurück. Meines Erachtens sind sie aber auf den Placebo-Effekt und unser therapeutisches Setting zurückzuführen.

Vielleicht ist es manchem Patienten im Grunde genommen genauso recht, wenn eine Verbesserung aufgrund eines Placebo-Effektes auftritt statt durch die pharmakologische Wirkung eines konventionellmedizinischen Medikaments; wir müssen aber auch in dieser Hinsicht zumindest ehrlich bleiben. Eine Placebowirkung besagt zwar, dass tatsächlich physiologische Veränderungen stattfinden können. Mehr als das kann die Homöopathie aber eben nicht. Keine der bisher durchgeführten Studien ist zu anderen Ergebnissen gekommen. Wir Homöopathen sollten den Patienten also auch nichts anderes suggerieren. Ob die Globuli, wenn sie mit einer sehr individuellen Botschaft als Autosuggestionsträger eingenommen werden, eine Art Super-Placebo-Effekt entwickeln könnten, bleibt zu erforschen.

Was kann die Homöopathie, was die Medizin nicht kann?

Noch einmal fasse ich die Vorzüge und Besonderheiten der Homöopathie (aus Patienten- und aus Homöopathensicht) zusammen. Es geht mir hier noch nicht um die wissenschaftliche Überprüfung der aufgestellten Behauptungen. Dazu komme ich später. Die geschilderten Effekte *können* in einem gut durchgeführten homöopathischen Gespräch auftreten. Wobei die Diversität der Homöopathie eine einheitliche Beurteilung schwierig macht, so dass an dieser Stelle nicht für die Homöopathie generell gesprochen werden kann.

Dass Hahnemanns Idee der Homöopathie nicht in allen Punkten wörtlich genommen werden muss, dass sie aber abstrahiert eventuell Sinn machen kann, schrieb schon 1921 Richard Haehl in seinem Vorwort zum *Organon* (nur in der gedruckten, im Literaturverzeichnis angegebenen Version enthalten):

> Hahnemann hatte zweifellos eine starke intuitive Begabung, und manche seiner Äußerungen, die noch vor wenigen Jahrzehnten fremdartig, vielleicht sogar absurd anmuteten, erscheinen heute dem medizinisch-biologisch denkenden Arzt als durchaus vernünftig und rational. Selbst der so verpönte „Dynamismus", die „Verstimmung der Lebenskraft", mit der Hahnemann einfach zum Ausdruck bringen wollte, dass für ihn Krankheit nicht einfach eine Organerkrankung, sondern eine Beteiligung des gesamten Organismus infolge Störung von Leib und Seele des ganzen Menschen sei, hat im Laufe der letzten Jahre (…) unerwartet Bestätigung gefunden.
>
> Haehl, *Organon*, Vorrede des Herausgebers, S. LIII

Leider hat diese Abstraktion von Hahnemanns Homöopathie bisher wenig Beachtung gefunden. Auch ich selbst
habe diesen Text im *Organon* (!), den ich eigentlich schon
viele Male gelesen haben müsste, erst bei den Arbeiten zu
diesem Buch plötzlich entdeckt.

Die Homöopathie bietet so gesehen möglicherweise
einen Ansatz, den die wissenschaftliche Medizin so nicht
bietet: Heilung soll weit über den körperlichen Bereich hinaus auf verschiedenen Ebenen erfolgen. Das dürfte dem
Wunsch vieler Patienten nach einer ganzheitlichen, individuellen und empathischen Herangehensweise entsprechen.

Wer heilt, hat recht?

Eher müsste es doch heißen: Wer recht hat, heilt.

Die wissenschaftliche Medizin kann ihr Wissen und ihre
Prinzipien klar darlegen; sie lernt aus Irrtümern und kann
eine ganze Menge signifikanter Heilerfolge für sich verbu-
chen. Die normale Medizin hat also eindeutig recht in Bezug auf Naturwissenschaft, Forschung, medizinische Fakten sowie pharmakologische und physiologische Grundlagen. Ihre heilende Wirkung ist durch viele Studien belegt
und unbezweifelbar.

Die Homöopathie hingegen hat möglicherweise recht
mit ihrem *Menschen- und Krankheitsbild,* das komplex und
ganzheitlich ist, das individuelle Gefühle, Gedanken, Empfindungen und auch bisher Unbewusstes etc. einschließt.
Hier entfaltet sich die Wirkung des therapeutischen Settings, eventueller Selbsterkenntnisse und die hohe Wirksamkeit der Placebos (die sich auch in Form einer Autosuggestion nutzen lässt). Sie kann dies aber bisher nicht
beweisen.

Warum hebe ich das homöopathische Krankheits- und Menschenbild so hervor? Dazu ein kleiner Bogen. Die Definition der Weltgesundheitsorganisation von Gesundheit lautet: *„ein Zustand des vollständigen körperlichen, geistigen und sozialen Wohlergehens und nicht nur das Fehlen von Krankheit oder Gebrechen"*. Ein Zustand des *vollständigen* Wohlergehens erscheint mir als sehr hoher Anspruch und praktisch wohl kaum erfüllbar. Mit der wissenschaftlichen Medizin allein ist es aber gar nicht möglich, einen solchen Zustand zu erreichen, da sie die geistige Ebene nicht einschließt und die emotionale Ebene stark vernachlässigt (und die soziale Ebene erst recht). Sie bleibt leider weit hinter dem WHO-Vorsatz zurück, da sie den Menschen weitenteils auf seine körperlichen Funktionsausfälle reduziert und diese nach standardisierten Leitlinien behandelt, die gerade keine Individualisierung vorsehen. Dies wird vielen Patienten nicht gerecht.

Wir brauchen also ein Konzept, das Körper, Emotionen und Geist umfasst. Ob die Homöopathie sich hierfür eignet, ist noch offen. Jedenfalls bietet sie (teilweise) ein System, das diesem Anspruch eher gerecht werden möchte und das großen Zuspruch von Patientenseite erfährt. Mit der Homöopathie ist es möglich, herauszufinden, auf welcher Ebene (körperlich, emotional oder geistig) der Patient das größte Problem hat. Der Ansatz der Homöopathie bietet die Möglichkeit, dem Patienten auf *der* Ebene Heilung und Unterstützung zukommen zu lassen, auf der er sein Kernproblem sieht. Für den einen mag die körperliche Problematik im Vordergrund stehen, für den anderen seine geistige Gesundheit. Bislang hat die wissenschaftliche Medizin sich vor allem im Bereich körperlicher Problematiken spezialisiert.

Wenn damit auch kein *vollständiges* Wohlergehen möglich ist, so kann doch gelten, was Hahnemann als gesunden Zustand beschrieb (wobei wir im Hinterkopf behalten, dass die „geistartige Lebenskraft" hier wiederum nur als eine Idee zu verstehen ist):

> Im gesunden Zustande des Menschen waltet die geistartige, (…) den materiellen Körper belebende Lebenskraft unumschränkt und hält alle seine Theile in bewundernswürdig harmonischem Lebensgange in Gefühlen und Tätigkeiten, so daß unser inwohnender, vernünftiger Geist sich dieses lebendigen, gesunden Werkzeugs frei zu dem höhern Zwecke unsers Daseins bedienen kann.
>
> Hahnemann 2005, *Organon,* Paragraph 9

Der Homöopathie wird oft zu Recht vorgeworfen, sie verhindere medizinische Therapien, da sich diese mit der Homöopathie nicht vertrügen. Dank des Ebenen-Modells einer Krankheit kann dieser Vorwurf differenzierter betrachtet werden. Es ist durchaus möglich, auf der körperlichen Ebene ein Antibiotikum für eine Lungenentzündung zu verschreiben und auf einer höheren Ebene eine homöopathische (Gesprächs-)Therapie durchzuführen. Solange der Therapeut weiß, auf welcher Ebene der Patient behandelt werden muss oder will, widersprechen sich die Therapien nicht. Im Gegenteil, sie ergänzen sich vielmehr.[3]

---

[3] Kleiner Zusatzpunkt: Auch die von Homöopathen oft verlangte Kaffee-Abstinenz (aus heute nicht mehr nachvollziehbaren Gründen) während einer homöopathischen Behandlung lässt sich (spätestens) durch das Ebenen-Modell ad acta legen. Denn wie könnte zum Beispiel Kaffee bei der Bewusstwerdung einer geistigen Kernproblematik stören? Dass es generell sinnvoll ist, auf einen moderaten Einsatz von Genussmitteln zu achten, spricht für sich und für einen gesunden Geist.

Leider ist dies nicht die Praxis; das ist mir schmerzlich bewusst. Bisher hat die wissenschaftliche Medizin kein Konzept für die Teile der Gesundheit, die sich nicht auf körperlicher Ebene abspielen (und teilweise auch wenig Interesse daran). Hier kann uns die Homöopathie als Methode – neu gedacht – helfen, unsere Medizin zu erweitern. Und damit auch die 75 % der Patienten zu versorgen, die sich (oft ohne Wissen des Haus- oder Facharztes) alternativmedizinisch behandeln lassen. Sollte es uns nicht zu denken geben, dass die eigentlich schon fast ausgestorbene Homöopathie in den 1990er Jahren eine Renaissance erfuhr (Wikipedia, Stichwort Homöopathie, Geschichte in der BRD)? Dies gerade zu der Zeit, als verstärkt mit der Einführung eines Fallpauschalen-Erstattungssystems für Ärzte und Kliniken begonnen wurde, welches viele Ärzte und Kliniken zwang, unter ganz anderen Bedingungen zu arbeiten als bisher? Das System wurde seinerzeit eingeführt, um den explosionsartig steigenden Kosten im Gesundheitswesen entgegenzuwirken. Teilweise ist dies auch gelungen, nur – um welchen Preis? Die Liegezeiten im Krankenhaus wurden stark verkürzt und die durchschnittliche Behandlungszeit pro Patient auf ein Minimum heruntergefahren. Dabei ist nicht den Ärzten ein Vorwurf zu machen, die oft nur versuchen, weiterhin ihre Kosten zu decken, sondern eher dem System. Allerdings geht es mir nicht darum, irgendwem einen Vorwurf zu machen; mir geht es darum, darauf aufmerksam zu machen, dass hier womöglich ein Problem entstanden ist.

Die normale Medizin hat den Menschen outgesourct; sie behandelt „Fälle". Ist es da erstaunlich, dass Patienten sich eine menschliche Behandlung anderswo suchen? Selbst wenn dies unwissenschaftlich, teilweise sogar unverantwortlich praktiziert wird? Eine Vermutung nur – aber denken wir den Gedanken weiter: Treibt die so praktizierte wissenschaftliche Medizin nicht selbst Patienten in unseriöse Hände, wenn sie so handelt? Und wäre es nicht eine gute Idee, die menschlichen Aspekte in den medizinischen Alltag zurückzuholen?

Wer weiß zum Beispiel mehr über einen Patienten als ein Homöopath nach einer vollständig durchgeführten homöopathischen Anamnese? Zur Erinnerung – die homöopathische Anamnese umfasst:

- Körperliches,
- Emotionales,
- Geistiges (Mentales),
- Spirituelles,
- Soziales,
- Familiengeschichtliches und
- Krankheitsgeschichtliches.

Der Homöopath wird in seiner Anamnese aber auch herausarbeiten, auf welcher Ebene einer Krankheit sich der jeweilige Patient Heilung oder Begleitung wünscht. Zur Erinnerung – eine Krankheit hat

- eine körperliche,
- eine emotionale und
- eine geistige Ebene.

Mehr kann man nicht über einen Menschen erfahren. Der Homöopath müsste also, mehr als Therapeuten anderer Methoden, in der Lage sein, ein tatsächlich individuelles therapeutisches Vorgehen zu entwickeln.

Das ist aus meiner Sicht der zweite Vorteil der Homöopathie: Sie möchte den Patienten nach der ganzheitlichen Zustandserfassung einer individualisierten Therapie zuführen. Ursprünglich sollte dies durch die individuell ausgewählten Arzneimittel geschehen. Heute müssen wir einsehen, dass dies obsolet ist. Der Gedanke einer individuellen Therapie jedoch ist aktueller denn je.

Homöopathen als mögliche Gesundheitskoordinatoren

Ein gut ausgebildeter Homöopath könnte als eine Art Gesundheitskoordinator entscheiden, welche Therapiemethode oder -methoden für *diesen* Patienten stimmig (und gewünscht) sind. Dies kann natürlich auch konventionell-medizinische Maßnahmen umfassen. In manchen anderen Fällen könnte jedoch das homöopathische Gespräch allein entscheidend sein.

Schon durch die Art der Gesprächsführung, die die Homöopathie anbietet, entsteht vermutlich eine Therapie auf der emotionalen Ebene, analog der psychotherapeutischen Gesprächstherapie. Der Patient fühlt sich angenommen, wertgeschätzt und empathisch aufgefangen. Es steht ausreichend Zeit zur Verfügung, in der sich der Patient mit all seinen ganz persönlichen Sorgen, Ängsten, Gefühlen und Besonderheiten aussprechen darf. Dies kann dazu beitragen, Stress auf der emotionalen Ebene zu verringern. Als weitere Form der homöopathischen Therapie, sozusagen als i-Tüpfelchen, gelingt es in einigen Fällen, eine individuelle Empfindung aufzuspüren und eine Selbsterkenntnis herbeizuführen. Dieser Prozess kann zu einer Veränderung auf der geistigen Ebene einer Krankheit beitragen, analog der tiefenpsychologischen Psychotherapie. Hier stünde eher die geistige Gesundheit im Vordergrund. Diese Form der Therapie ist vor allem über die Empfindungsmethode in der Homöopathie möglich.

Um zum Ausgangsbeispiel zurückzukehren: Wünscht sich Frau M. eine Heilung auf der körperlichen Ebene durch die Homöopathie, so kann diese nur indirekt erfolgen. Im ersten Schritt, indem sich durch das homöopathische Gespräch der emotionale Anteil der Krankheit reduziert. Dieser Therapieansatz lässt sich durch die Globuli über einen postulierten Super-Placebo-Effekt unterstützen („Ich werde genau *dir* bei *deiner* Krankheit helfen"). Dazu ist kein materieller oder „energetischer" Wirkstoff nötig. Der Placebo-Effekt wirkt über eine geistige Vorstellung auf den Geist des Menschen. Umfasst er auch die stattgefundene Selbsterkenntnis einer geistigen Kern-Empfindung, so mag er eine noch größere Wirkung haben und Lebensveränderungen anstoßen.

Sollte bei Frau M. jedoch der Wunsch nach einer rein körperlichen Besserung im Vordergrund stehen, so kann der Homöopath gezielt andere Maßnahmen einleiten. Dies könnte eine Schmerztherapie, auch mit konventionellen Medikamenten, sein. Auch die Empfehlung von physiotherapeutischen Maßnahmen, Yoga oder einer Sporttherapie entspräche meinem Bild vom Homöopathen als Gesundheitskoordinator. Denn der Homöopath hat – im Gegensatz zum Allgemeinarzt, dem diese Aufgabe theoretisch zukommen sollte – Zeit, Ruhe, Überblick und Abrechnungsmöglichkeiten, um jedem Patienten tatsächlich individuell und ganzheitlich gerecht zu werden.

Tab. 4.2   Krankheitsebenen und Behandlungsoptionen

Körperliche Ebene	Wissenschaftliche Medizin, Phytotherapie, manuelle Therapie, Ernährungsumstellung, Sport etc.
Emotionale Ebene	Psychotherapie, psychosomatische Medizin, Homöopathie als Gesprächstherapie, Selbsthilfegruppen etc.
Geistige Ebene	Homöopathie als Bewusstseinstherapie, Bewusstseinsarbeit, Meditation, Psychotherapie, systemische Therapie etc.

Zum Wohle der Patienten sollten wir deren jeweiliges Empfinden ernst nehmen und die Vorteile aus beiden (und anderen) Methoden sinnvoll miteinander kombinieren. Für körperliche Probleme wählen wir zum Beispiel konventionellmedizinische Methoden, für andere Ebenen zum Beispiel die homöopathische Gesprächstherapie.

In Tab. 4.2 mache ich einen Vorschlag für Behandlungsoptionen auf den jeweiligen Ebenen.

Ich denke auch an einige meiner Patienten, die eine Krebsdiagnose haben. Sie werden mit dem Tod konfrontiert. In der wissenschaftlichen Medizin haben sie wenig Chancen, sich über die Angst, die damit verbunden ist, auszusprechen. Sie bekommen eine gute Operation, Chemotherapie oder Bestrahlungsoptionen. Der körperliche Bereich wird, so gut es bei einer so schwerwiegenden Diagnose eben heute möglich ist, abgedeckt. Aber wohin können sie sich mit ihren Emotionen und essentiellen Fragen wenden? Hier kann die Homöopathie helfen, durch ihr spezielles Setting einen Raum zu schaffen, in dem die Patienten auch diese Beschwerden äußern können (denn nicht immer wird gleichzeitig eine Psychotherapie anberaumt, es liegt ja keine psychische Diagnose vor, sondern „nur" Krebs). Durch das homöopathische Gespräch entsteht möglicherweise eine Entspannung (die durch die Gabe von Globuli verstärkt werden kann), die sich im besten Fall gesundheitsfördernd auch auf die körperliche Ebene auswirken wird. Vielleicht lassen sich aber auch individuelle Lebensveränderungen einleiten. Eine Umstellung der Ernährung, ein begleitendes Phytotherapeutikum oder Ähnliches kann die konventionellmedizinisch nötigen Maßnahmen begleiten und unterstützen. So ergibt sich eine Synergie aus beiden Methoden, die dem Patienten hilft, gesund zu werden. Eine solche Synergie kann aber auch bei austherapierten Fällen helfen, mit diesem Schicksal umzugehen. Auch dazu können wir den offenen Gesprächsrahmen der Homöopathie nutzen.

Insgesamt muss es also darum gehen, dem Patienten als Mensch zu begegnen und ihn in allen seinen menschlichen Aspekten medizinisch und kompetent zu begleiten – auf der körperlichen, emotionalen und geistigen Ebene. Dazu sind im Zweifel nicht die Globuli nötig (die ja nur die Träger eines solchen Prinzips sind), sondern das in der homöopathischen Methode verankerte Menschen- und Krankheitsbild. Und auch wenn dieses weitgefasste Bild für die wissenschaftliche Medizin zunächst ungewohnt sein mag – in ihrer WHO-Definition steckt sie sich eigentlich denselben Rahmen und liegt damit nicht weit vom homöopathischen ganzheitlichen Ansatz entfernt.

Mir ist klar, dass ich hier ein Ideal beschreibe, das so in der Realität nicht vorliegt. In der Homöopathie herrscht wenig Klarheit über ihr eigenes Konzept, so dass sie eine seriöse Gesundheitskoordination derzeit mitnichten wahrnehmen könnte. Hier wäre viel Aufklärung nötig und eine Umstrukturierung der Ausbildung, vielleicht sogar der Zulassungsbedingungen zur Ausbildung.

Aus zwei ganz unhomöopathischen Gründen könnte die homöopathische Methode für unsere normale Medizin interessant sein:

- Sie hilft uns, zu entscheiden, auf welcher Ebene oder auf welchen Ebenen (sie widersprechen sich nicht) der Patient Hilfe benötigt. Dies muss nicht immer die körperliche Ebene sein, selbst wenn körperliche Symptome vorhanden sind. Es bedeutet aber auch, dass eine tatsächlich materielle Krankheit (z. B. bakterielle Blasenentzündung) materiell behandelt wird (z. B. mit Gabe eines Antibiotikums).
- Vermeidbar sind (sofern hier seriös und kompetent entschieden und aufgeklärt wird) viele unnötige und kostspielige Untersuchungen. Ein geistig-emotionales Problem lässt sich durch ein Röntgenbild oder eine Herzkatheter-Untersuchung nicht erkennen und durch ein Antibiotikum nicht behandeln.

Das lebensverändernde Ziel Selbsterkenntnis

Wir haben aber gesehen, dass es in der Homöopathie Hahnemanns einige problematische Auffassungen gibt, die so nicht stehenbleiben können, wenn wir die Homöopathie auch heute noch anwenden wollen. Medizinische und naturwissenschaftliche Entwicklungen machen hier Neudefinitionen (und auch einen bitteren Abschied) nötig.

- Der Auffassung, in den homöopathischen Medikamenten sei etwas Geistartiges, Feinstoffliches oder Energetisches (also so etwas wie „das Wesen" des Ursprungsstoffes) oder eine Information enthalten, widerspreche ich energisch. Von dieser Auffassung müssen wir uns verabschieden. Die Globuli enthalten nichts. Sie sind substantiell wirkungslos.

- Die Vorstellung Hahnemanns, es gäbe eine Lebenskraft (also etwas dem rein Körperlichen Übergeordnetes) lasse ich als Vorstellung, nicht als Tatsache, gelten. Auch wir kennen eine solche Vorstellung, allerdings nicht als Teil der Medizin. Trotz aller Bemühungen konnte kein Äquivalent einer solchen Kraft im menschlichen Körper gefunden werden, das der Physik oder der Biologie nicht widerspricht. Physiker würden einem Homöopathen, der dies fände, einen Nobelpreis verleihen wollen.

- Der Begriff Geist bedarf der genauen Definition, bevor wir in der Medizin (eventuell und vorschlagsweise) mit ihm umgehen können.

Der Mensch ist in seiner Evolution so weit fortgeschritten, dass er komplexe Ideen und Vorstellungen entwickeln und differenzierte Empfindungen haben kann. Ideen und geistige Vorstellungen wirken im Menschen („Ich kann ein großes Gebäude statisch sicher planen", „Ich habe Energie", „Ich erlebe mich als gefangen"). Ideen können beflügeln, hemmen, blockieren und sich verändern. Gehen wir also davon aus, dass in der Homöopathie eine Idee davon existiert, dass eine Energie oder eine Lebenskraft im Menschen wirkt. Energie kann so gesehen eine geistige Vorstellung, eine Idee sein. Wenn es sich um eine geistige Vorstellung handelt, brauchen wir an dieser Stelle die Physik nicht zu bemühen. (Wir brauchen ihr aber auch nicht zu widersprechen, da basal ja die gleichen Gesetzmäßigkeiten gelten; ich habe das Prinzip der Emergenz im Unterkapitel „Das homöopathische Krankheitsbild" erklärt.) Gehen wir davon aus, dass in der Homöopathie eine Idee davon existiert, dass eine Lebenskraft gestört sein kann. Und dass es bestimmter Informationen oder Ideen bedarf, um diese Lebenskraft ungestört fließen zu lassen. Solange wir diese Begriffe als geistige Konzepte betrachten, kommen wir nicht in Konflikt mit der Naturwissenschaft!

Ich verwende die Begriffe Energie, Information, Idee, Lebenskraft etc. hier nur in dem Sinne, dass es sich dabei um Vorstellungen handelt, die zu Hahnemanns Zeiten nötig waren, um etwas zu erklären, das wir heute innerhalb der Naturwissenschaft viel besser erklären können. Wir brauchen sie heute deshalb nicht mehr als Fakten anzusehen.

Hahnemann meinte nun aber, das Ideal einer ungestört fließenden Lebenskraft nur mithilfe von ähnlichen Medikamenten (wieder)herstellen zu können, die noch dazu potenziert, also geistartig sein müssten. Wir können das erst einmal noch so stehenlassen, wenn wir unter Berücksichtigung der oben aufgeführten Neudefinitionen sagen: Wenn man eine Krankheit als geistiges Problem, also auf Ebene drei, beschreiben kann, dann lässt sie sich durch eine geistige Vorstellung (Idee, Information) verändern. Zur Heilung braucht man dann in der Tat nicht unbedingt ein materielles Medikament. Die Heilung erfolgt möglicherweise „von selbst", wenn sich etwas verändert, das der Gesundheit bisher im Wege stand. Dies kann auf körperlicher, emotionaler oder geistiger Ebene geschehen, je nachdem, wo der Therapeut beim Patienten dessen Kernproblematik aufspürt. Nur, welche geistige Vorstellung sollte das sein? Und wie kann sie etwas verändern?

> Von schädlichen Einwirkungen auf den gesunden Organism (…), kann unsere Lebenskraft als geistartige Dynamis nicht anders denn auf geistartige (dynamische) Weise ergriffen (…) werden und alle solche krankhafte Verstimmungen (…) können auch durch den Heilkünstler nicht anders von ihr entfernt werden, als durch geistartige (dynamische, virtuelle) Umstimmungskräfte der dienlichen Arzneien auf unsere geistartige Lebenskraft (…). Demnach können Heil-Arzneien, nur durch dynamische Wirkung auf das Lebensprincip Gesundheit und Lebens-Harmonie wiederherstellen …
> Hahnemann 2005, *Organon,* Paragraph 16

Sehen wir die Kernproblematik in einer geistigen Vorstellung oder Empfindung (die sich möglicherweise rückwirkend auf Symptomebene ausdrückt), so braucht es nach Hahnemanns Idee eine geistige Vorstellung, um das Problem zu lösen. Im homöopathischen Gespräch wird nun diese geistige Vorstellung herausgearbeitet, was zu einer neuen Selbstwahrnehmung führen kann: „Ach, *so* ist das verschaltet bei mir." In unserem Eingangsbeispiel ist das der Moment, in dem die Patientin erkennt: „Ich fühle mich nicht nur symptomatisch steif und beengt, sondern das hat etwas mit meinem Gesamtempfinden zu tun!" Nun haben wir einen bislang unbewussten Prozess bewusst gemacht, der sie generell gestresst hat und der sich auch im Symptom ausdrückte.

Bei der Recherche zur Empfindung außerhalb der Homöopathie bin ich auf eine in dieser Beziehung interessante psychotherapeutische Methode gestoßen. Der amerikanische Psychotherapeut Eugene T. Gendlin (ein Mitglied des Forschungsteams um Carl A. Rogers, den Begründer der personenzentrierten und humanistischen Psychotherapie) ist bei seinen Untersuchungen, wann Psychotherapie besonders gute Ergebnisse zeigt, zu folgendem Ergebnis gekommen: Ausschlaggebend für den Erfolg war weniger die jeweilige psychotherapeutische Methode und nicht, was der Patient während der Sitzung sagte, sondern wie er es sagte. Wenn es dem Patienten gelang, während des Sprechens *ein unmittelbares körperliches Erleben zu empfinden* und darüber zu sprechen, dann ließen sich tiefe psychologische Probleme besser lösen. Gendlin nannte diese Technik *Focusing* und die gespürte körperliche Empfindung *felt sense*. Im Moment dieser Erkenntnis trete eine unmittelbare Erleichterung und akute Bewusstwerdung ein (Gendlin 2011). Er scheint auf ähnliche Erkenntnisse hinsichtlich der Empfindung gestoßen zu sein wie die Homöopathie.

Ich halte den Prozess dieser Selbsterkenntnis für das wirklich Entscheidende in der homöopathischen Therapie (wie auch in anderen Therapien; Fromm 1989, Mitscherlich 1974). Einzig eine psychologische Erklärung scheint mir bislang ausreichend für einen solchen Effekt: Wir alle sind unbewusst geprägt von unseren Erfahrungen et cetera. Das ist hinlänglich bekannt und mehr oder weniger akzeptiert (zumindest innerhalb der Sozialwissenschaften). Unser Verhalten ist somit weitgehend determiniert (z. B. Fromm 1989, Mitscherlich 1974, Precht 2007). Solange wir nichts

Neues hinzulernen, sind wir also in unserem Empfinden und in unserem Verhalten in bestimmten „vorprogrammierten" Bahnen eingefahren. Sollten sich aber durch ein gutes homöopathisches Gespräch neue Erkenntnisse über uns selbst auftun, so wäre das ein Grund für tiefgreifende Veränderungen. Und das Gespräch ist so in der Tat eine Hilfe zur Selbsthilfe (und damit für die dubiose und gern zitierte Selbstheilung) – die nicht im Widerspruch zur Naturwissenschaft steht. Die homöopathische Sichtweise deckt sich in diesem Bereich mit derjenigen der Psychosomatik und der Psychotherapie (siehe Wikipedia zu dem Stichwort Psychosomatik sowie Uexküll 1976). Mitscherlich schreibt dazu schon 1974:

> Als Therapie ist (die psychosomatische Methode) dann wirksam, wenn es ihr mit Hilfe der sprachlichen Verständigung glückt, die von Affekten getragenen Phantasien des Kranken in die Nähe des bewussten Ich vordringen zu lassen und gleichzeitig dieses Ich so weit zu stabilisieren und tolerant zu stimmen, dass es diese Phantasien erträgt, mit ihnen umgeht (und sie) verändert, statt sie in der Vogel-Strauß-Politik abzuwehren.
>
> Mitscherlich (1974), S. 71

Diesen Ansatz bietet die Homöopathie zumindest theoretisch und mehr oder weniger seriös umgesetzt. Innerhalb der Medizin würde es jedoch bedeuten, den Forschungsgegenstand zu erweitern. Neben der körperlich-funktionellen Ebene müsste auch die emotionale und geistige Dimension des Menschen eine Rolle spielen.

Literatur

Dobelli R (2011) Die Kunst des klaren Denkens. Hanser, München

Ernst E (2002) A systematic review of systematic reviews of homoeopathy. British Journal of Clinical Pharmacology 54:577–582

Ernst E (2013) Natürlich heilen. Gesund mit sanfter Medizin, Heft 2013/4. Online unter: www.spiegel.de/spiegelwissen/alternative-heilmethoden-edzard-ernst-ueber-die-wirkung-von-globuli-a-934517.html.

Fromm E (1989) Gesamtausgabe in 10 Bänden. Hrsg. von Rainer Funk. Deutscher Taschenbuch Verlag, München

Gendlin E (2011) Focusing. 8. Aufl. Rowohlt, Hamburg

Grabia S u. Ernst E (2003) Homeopathic aggravations: a systematic review of randomised, placebo-controlled clinical trials. Homeopathy 92 (Issue 2, April):92–98

Hahnemann S (2005) Organon der Heilkunst. 6. Aufl. Marix, Wiesbaden (faksimilierte Erstausgabe von 1810 online unter http://www.deutschestextarchiv.de/book/view/hahnemann_organon_1810?p=1. Zugegriffen: 6. Oktober 2014)

Hahnemann S (2013) Die chronischen Krankheiten. 2. Aufl. Narayana, Kandern

Hektoen L (2005) Review of the current involvement of homeopathy in veterinary practice and research. Veterinary Record 2005 Aug 20;157(8):224–229

Kahneman D (2012) Schnelles Denken, langsames Denken. Siedler, München

Koerfer A et al (2008) Training und Prüfung kommunikativer Kompetenz. Aus- und Fortbildungskonzepte zur ärztlichen Gesprächsführung. Gesprächsforschung. Online-Zeitschrift zur verbalen Interaktion 9:34–78. Online als PDF unter: http://www.gespraechsforschung-ozs.de/heft2008/heft2008.html. Zugegriffen: 6. Oktober 2014

Kohnen N (2007) Kulturphänomene: Die Botschaft hinter den Symptomen. Umgang mit fremdländischen Patienten. Hautnah Dermatologie 1:20−23

Metzinger T (2013) Spiritualität und intellektuelle Redlichkeit. Ein Versuch. Selbstverlag, Mainz. Online als PDF unter: http://www.philosophie.uni-mainz.de/Dateien/Metzinger_SIR_2013.pdf. Zugegriffen: 6. Oktober 2014

Mitscherlich A (1974) Krankheit als Konflikt. Studien zur psychosomatischen Medizin. 8. Aufl. Edition Suhrkamp, Frankfurt am Main

Nowak P (2010) Das Gespräch zwischen Arzt und Patient: Zentraler Ansatzpunkt oder Stolperstein für ein „gesundes" Gesundheitswesen? Letter Laut gedacht, 10.01.2010. Online als PDF unter: www.patientenanwalt.com/download/Expertenletter/Patient/Das_Gespraech_zwischen_Arzt_und_Patient_Dr_Peter_Nowak_Expertenletter_Patient.pdf.pdf. Zugegriffen: 6. Oktober 2014

Precht RD (2007) Wer bin ich – und wenn ja, wie viele? 5. Aufl. Goldmann, München

Rogers CA (1942) Counselling and Psychotherapy. Houghton Mifflin Company, Boston, S. 123. Deutsch: Rogers CA (1985) Die nicht direktive Beratung. Fischer, Berlin

Sankaran R (2003) Das Geistige Prinzip der Homöopathie. Homoeopathic Medical Publishers, Indien, Mumbai

Sankaran R (2005) Die Empfindung. Verfeinerung der Methode. Homoeopathic Medical Publishers, Indien, Mumbai

Sankaran R (2009) Das andere Lied. Die Entdeckung des parallelen Ich. Homoeopathic Medical Publishers, Indien, Mumbai

Schmidt-Salomon M (2014) Hoffnung Mensch. Eine bessere Welt ist möglich. 2. Aufl. Piper, München

Shang A, Egger M, et al (2005) Are the clinical effects of homoeopathy placebo effects? Comparative study of placebo-controlled trials of homoeopathy and allopathy. Lancet 366(Nr 9487):726–732

The end of homoeopathy (2005) The Lancet:366(Issue 9487):690, 27 August 2005 DOI:10.1016/S 0140–6736(05)67149–8

Uexküll, Thure von (1976) Grundfragen der psychosomatischen Medizin. 5. Aufl. Rowohlt, Reinbek bei Hamburg

Weymayr C u. Heißmann N (2012) Die Homöopathie-Lüge: So gefährlich ist die Lehre von den weißen Kügelchen. Piper, München

Verwendete Webseiten

Allensbacher Archiv, IfD-Umfragen 2009, Nr. 14. www.ifd-allensbach. de/uploads/tx_reportsndocs/prd_0914.pdf, Schaubild 1. Zugegriffen: 22. Oktober 2014

www.amazon.de, Stichwort Homöopathie. Zugegriffen: 6. Oktober 2014

www.bah-bonn.de. Pressemitteilung vom 20.10.2014. Zugegriffen: 22. Oktober 2014

Wikipedia, Stichwort Carl Rogers. Zugegriffen: 6. Oktober 2014

Wikipedia, Stichwort Emotion. Zugegriffen: 6. Oktober 2014

Wikipedia, Stichwort Empfindung, speziell Unterpunkt Psychopathologie. Zugegriffen: 22. Oktober 2014

Wikipedia, Stichwort Eugene T. Gendlin. Zugegriffen: 6. Oktober 2014

Wikipedia, Stichwort Ganzheitliche Medizin. Zugegriffen: 6. Oktober 2014

Wikipedia, Stichwort Geist. Zugegriffen: 6. Oktober 2014

Wikipedia, Stichwort Homöopathie – Abschn. 2.8.1 Deutschland. Zugegriffen: 6. Oktober 2014

Wikipedia, Stichwort Humanistische Psychotherapie. Zugegriffen: 6. Oktober 2014

Wikipedia, Stichwort Humanwissenschaft. Zugegriffen: 24. Oktober 2014

Wikipedia, Stichwort Klientenzentrierte Psychotherapie. Zugegriffen: 6. Oktober 2014

Wikipedia, Stichwort Medizinethik. Zugegriffen: 7. Oktober 2014

Wikipedia, Stichwort Placebo. Zugegriffen: 6. Oktober 2014

Wikipedia, Stichwort Psychosomatik. Zugegriffen: 6. Oktober 2014

Wikipedia, Stichwort Psychotherapie. Zugegriffen: 6. Oktober 2014

Wikipedia, Stichwort Weltgesundheitsorganisation, Unterabschnitt Auftrag. Zugegriffen: 6. Oktober 2014

5

Was bleibt übrig von der Homöopathie im 21. Jahrhundert?

Es gibt viele Gründe, warum sich Patienten einer homöopathischen Therapie zuwenden. In den vorangehenden Kapiteln habe ich sie dargestellt. Ergänzt um das Wissen von denjenigen Teilen der Homöopathie, die wir naturwissenschaftlich gesehen heute nicht mehr gelten lassen können, ergibt sich ein neues Bild der Homöopathie.

Grundsätzlich gilt die Feststellung: *Die* Homöopathie gibt es nicht. Es ist insofern schwierig, die Methode insgesamt zu beurteilen. Meine Vermutungen beziehen sich deshalb vor allem auf die von mir dargestellte Form der Homöopathie, die im Wesentlichen direkt auf Hahnemanns Texte zurückgeht. In einigen Punkten beziehe ich mich zusätzlich auf die Empfindungsmethode, die aus Hahnemanns Texten entwickelt wurde. Die Gründe und das Vorgehen habe ich bereits erläutert.

© Springer-Verlag GmbH Deutschland 2018
N. Grams, *Homöopathie neu gedacht,*
https://doi.org/10.1007/978-3-662-55549-1_5

Welche Bereiche der Homöopathie sind zu verwerfen?

Die Homöopathie kann nach den dargestellten Erwägungen keine Arzneitherapie mehr sein. Ihre Theorie der Ähnlichkeit, der Lebenskraft und die traditionelle Herstellung der Globuli (Potenzierung) sind mit einem modernen wissenschaftlichen Ansatz, vor allem hinsichtlich einer möglichen Wirkung, nicht zu belegen. Diesen Teil von Hahnemanns Theorie verwerfe ich komplett. Bei der Einnahme der Globuli kann jedoch ein Placebo-Effekt wirken. Darauf gehe ich weiter unten noch einmal ein.

Die Arzneimittelbilder sind in den Arzneimittelprüfungen auf nicht haltbare Art und Weise entstanden; sie folgen keiner Kausalität. Die Theorie der homöopathischen Arzneimittelprüfung ist wissenschaftlich nicht haltbar und ebenfalls zu verwerfen.

Ein weiterer Punkt ist die Redeweise von einer „feinstofflichen Energie", die bei Fehlsteuerung zu Krankheit führen soll, bei Korrektur zur Heilung. Eine solche Energie gibt es naturwissenschaftlich gesehen nicht – weder im Patienten noch in den Globuli. „Energie" ist heute ein physikalisch absolut feststehender Begriff mit der Bedeutung „Fähigkeit zur Verrichtung von Arbeit". Nicht nur der Begriff ist vor dem heutigen Wissenshorizont also falsch gewählt; auch die Annahme, es gäbe eine solche Energie im menschlichen Körper und im menschlichen Dasein, ist falsch. Ich habe dargelegt, warum. Diesen Teil von Hahnemanns Homöopathie müssen wir komplett verwerfen, wenn wir sie weiter als Teil der Medizin und damit der Naturwissenschaft anwenden wollen. Eine Lebenskraft kann man sich zwar auch heute noch *vorstellen,* sie ist aber kein Fakt oder gar eine medizinische Größe.

Welche Bereiche der Homöopathie sind zu überdenken?

Ich habe dargestellt, wie die Homöopathie als eine Art Gesprächstherapie vorgeht, um sich dem Menschen in seiner Komplexität zu nähern. Hier war Hahnemann sicher ein Vordenker seiner Zeit, und auch heutzutage lohnt es sich, über einige seiner Ideen noch einmal nachzudenken:

Im Unterschied zu unserer modernen wissenschaftlichen Medizin möchte die Homöopathie in ihrem Konzept den Patienten als Menschen abbilden, anstatt sich vorwiegend einem Symptom zuwenden. Sie möchte die geistige Ebene des Menschen und auch seine emotionale und körperliche Ebene miteinbeziehen – und zwar sowohl bei der Theorie der Krankheitsentstehung als auch bei der beabsichtigten Heilung. Weil die Homöopathie körperliche, emotionale und geistige Aspekte umfassen und behandeln möchte, sprechen wir von einem ganzheitlichen Ansatz. Ich habe beschrieben, wie die Homöopathie hier vorgeht, um diesem Konzept gerecht zu werden, wohl wissend, dass es auch in dieser Hinsicht viele verschiedene Formen der Homöopathie gibt und es sich nicht um ein allgemeingültiges Vorgehen handelt. Das ganzheitliche Herangehen unterscheidet die Homöopathie von der wissenschaftlichen Medizin, die sich auf die rein körperliche Symptomatik spezialisiert hat, und von der Psychotherapie, bei der die emotionale Problematik im Vordergrund steht, und macht sie offensichtlich immer noch für viele Patienten interessant. Neu gedacht bedeutet „ganzheitlich" jedoch explizit auch, die körperliche Ebene mit ihren mess- und bewertbaren Befunden einzuschließen. Körperliche Untersuchungsbefunde, Blutwerte, Blutdruck, EKG oder CT-Bilder etc. gehören genauso zu einem ganzheitlichen Bild dazu, was leider oft vernachlässigt wird.

Ich übernehme wie gesagt das Ähnlichkeitsprinzip von Hahnemann keineswegs im Sinne einer ähnlichen Energie. In den homöopathischen Gesprächen kann es aber mithilfe der homöopathischen Methode darum gehen, etwas im Patienten zu erkennen, das für diesen ein stimmiges Gesamtbild ergibt, und dies im Dialog zu konkretisieren. Kaum ein Homöopathie-Kritiker bezweifelt, dass die intensiven Gespräche, die die Homöopathie anbietet, eine positive Wirkung auf den Patienten ausüben könnten. Ich habe versucht, hier als Praktikerin darzustellen, auf welche Weise die Homöopathie dabei vorgeht (wobei die Beurteilung aufgrund der vielen verschiedenen Vorgehensweisen innerhalb der Homöopathie schwierig bleibt) und wo und wie sie über ein normales gutes (hausärztliches) Gespräch hinausgehen kann. Durch Zeit, Empathie, Zuwendung und das individuelle und ganzheitliche Herangehen der Homöopathie entsteht mehr Raum dafür, persönliche Nöte und Bedürfnisse zur Sprache zu bringen, als in der defizitär reformierten Alltagsmedizin. Die homöopathische Gesprächsgestaltung erweitert den Patient-Therapeut-Kontakt um die

Dimensionen der emotionalen und geistigen[1] Problematik und unterscheidet sich dadurch von einem normalen guten Gespräch (oder dem reinen Befundabfragen mancher Homöopathen). Die Methodik entspricht psychologischen Gesprächsmustern des aktiven Zuhörens, offenen Fragenstellens und im Falle der Empfindung dem Paraphrasieren und gezielten Herausarbeiten bisher unbewusster Anteile. Ich habe dies in den entsprechenden Kapiteln ausführlich erklärt.

Der Patient kann daraufhin im besten Fall seine Situation selbst überdenken und aktiv etwas für sich und seine Gesundheit tun (Selbstheilung). Er kann ferner auf konventionellmedizinische Medikamente verzichten, wo sie nicht zwingend nötig sind, und so auch deren Nebenwirkungen vermeiden. (Die Furcht vor Nebenwirkungen ist eine häufig geäußerte Angst von Patienten, die sich der Homöopathie zuwenden – sei sie nun berechtigt oder nicht).

---

[1] Der Begriff „geistig" ist ein schwieriger Begriff, der oft missverstanden und falsch verwendet wird. Ich benutze „geistig" hier nur im Sinne folgender Definition, die der Naturwissenschaft nicht widerspricht, die allerdings als Teil der Medizin sicher noch ungewohnt ist (vgl. dazu das Kapitel „Die Begriffe ‚Geist' und ‚geistig'"). Der Geist des Menschen ist die kreative Instanz des Bewusstseins, die dem Verstand übergeordnet ist. Hier entstehen und wirken Ideen, Vorstellungen und Suggestionen. Ein geistiges Problem ist eines, das nicht so sehr in der Realität als vielmehr in der individuellen Wahrnehmung und Vorstellung des Patienten entsteht. Hier können wir uns also auch eine Lebenskraft *vorstellen;* mit der Realität hat das aber nichts zu tun. Vorstellungen lassen sich wiederum durch Vorstellungen, Informationen oder Suggestionen verändern (z. B. Berger 2013).
Die geistige Ebene miteinzubeziehen, bedeutet nicht etwa Geistheilung oder Ähnliches. Mit dem Begriff „Geist" will ich nicht etwa durch die Hintertür zurück ins Irrational-Magische. Die geistige Ebene miteinbeziehen bedeutet, dem Patienten in seiner Komplexität als Mensch näher zu kommen, und hat möglicherweise einen in der wissenschaftlichen Medizin bisher unterschätzten (oder schwer zu erfassenden) Einfluss auf die Gesundheit.

Auch der Gedanke, der Homöopath erkenne ein „Bild" in ihrer besonderen Symptomatik und ihrer Empfindung und habe dafür ein passendes Medikament, scheint den Patienten bisher geholfen haben. Hier treten Placebo-Wirkungen auf, die sich durch das innige Arzt-Patient-Verhältnis verstärken können. Diese Faktoren tragen dazu bei, dass sich die Patienten in der Homöopathie gut aufgehoben und emotional angenommen fühlen. Die herausgearbeitete Kern-Empfindung ist der wesentliche Bestandteil (der Kern) des Patienten-Bildes, wie es in der Empfindungsmethode weiterentwickelt ist. Einem solchen Patienten-Bild hat man in der Vergangenheit auf der geistigen Ebene der Vorstellungen physiologisch unwirksame Arzneimittel gegenübergestellt, die nur über Vorstellungen wirken. (Z. B. kann ein Patient die Vorstellung haben: „Ich erlebe mich als gefangen und eingeschränkt", und er erhält die Information, in dem Arzneimittel sei etwas enthalten, das diese Vorstellung verändern könne.) Ob dies auch künftig sinnvoll ist, wenn die Patienten nun wissen, dass ihr Arzneimittel nur eine ideelle Bedeutung hat, ist fraglich.

Die Therapie besteht (1.) schon während des Gesprächs im gemeinsamen Herausarbeiten des Patienten-Bildes auf der geistigen Ebene und kann (2.) durch die Globuli unterstützt werden.

Die Globuli sehe ich als Träger einer Suggestivkraft. Bei der Einnahme der Globuli wird dem Patienten auf der emotionalen Ebene allgemein bewusst: „Das wird mir helfen" und „Ich will diesen Weg der Heilung beschreiten bis zum Ziel". Auf der geistigen Ebene verbindet sich dieser Effekt spezieller und gezielter mit der Kern-Empfindung oder einer irrigen Vorstellung. Die Globuli können so zum

Träger einer noch stärkeren Autosuggestion werden („Das wird *mir* bei *meinen* Beschwerden helfen"). Die Globuli dienen gleichsam als Erinnerung an das Setting und das gemeinsam Herausgearbeitete. Sie sind substantiell wirkungslos, aber wichtiger Träger der zur Veränderung auf geistiger Ebene nötigen Information.

Nach diesen Überlegungen ist also die reine Erinnerungsfunktion der Globuli entscheidend, nicht deren Herstellungsprozess oder vermeintlicher Inhalt. Es wäre fortan unbedeutend, ob die Globuli Natrium muriaticum oder Sepia enthalten. Im Grunde genommen war das auch nie von Bedeutung, denn sie enthielten ja alle das Gleiche: nichts. Man könnte also pure Milchzuckerglobuli (oder andere Träger der Autosuggestion) verwenden.

Der Effekt der Globuli lässt sich möglicherweise durch das oft praktizierte Geheimhalten des Arzneimittels unterstützen. Das fördert mitunter die Selbstbeobachtung und die Eigeninitiative des Patienten; er muss in sich hineinhorchen, was es auslöst, achtet dadurch mehr auf sich und ist infolgedessen in der Lage, besser für sich selbst zu sorgen. Aus Placebo-Studien in der wissenschaftlichen Medizin weiß man zudem, dass genaue (möglichst detaillierte) Einnahmeempfehlungen und auch besondere Darreichungsformen zu besonders großen Placebo-Wirkungen führen (Wikipedia, Stichwort Placebo). Beide Bedingungen wären in der Homöopathie erfüllt.

Die Effekte auf der emotionalen und geistigen Ebene *könnten* indirekt positiv auf grundlegende körperliche Prozesse, Beschwerden und Symptome rückwirken. Darauf gehe ich im nächsten Unterkapitel ausführlich ein. Eine *direkte* körperliche oder physiologische Wirkung tritt *nicht* ein. (Das hat Hahnemann auch nie behauptet. Er ging davon aus, dass die Störung der Lebenskraft sich in Symptomen ausdrückt. Nur durch die Veränderung der Lebenskraft könne sich die Symptomatik rückwirkend bessern.)

Warum sollten wir über diese Punkte noch einmal nachdenken?

Dem komplexen System Mensch kann sich die normale Medizin derzeit noch nicht tiefreichend nähern. In der Homöopathie wird dies zumindest versucht. Möchte man verhindern, dass die Patienten zu Alternativen abwandern, die teilweise unverantwortlich praktiziert werden, müsste man eine Basis schaffen und ein Vorgehen anbieten, mit denen man diesen Patienten seriös begegnet – entweder innerhalb einer neu gedachten Homöopathie oder auch, indem wir Teile davon in den medizinischen Alltag (re)integrieren. Selbstverständlich bieten sich diese Möglichkeiten auch außerhalb der Homöopathie, in der Psychotherapie oder der psychosomatischen Medizin. Speziell die Systematiken der medizinischen Kybernetik befassen sich mit der Komplexität des Menschen in der Medizin:

> Die Medizinische Kybernetik umfasst die Anwendung systemtheoretischer, nachrichtentheoretischer, konnektionistischer und entscheidungsanalytischer Konzepte für biomedizinische Forschung und klinische Medizin. Das Ziel der medizinischen Systemtheorie ist es, die komplexen Zusammenhänge des physischen Systems und deren spezifische vernetzte Funktionsweise besser zu verstehen. Dabei

werden physiologische Dynamiken im gesunden und erkrankten Organismus identifiziert und systemtheoretisch modelliert.

Wikipedia, Stichwort Systemtheorie

Hier habe ich besonders im *Penta-Modell* von Foerster und Burrer ähnliche Ansätze gefunden, wie sie die Homöopathie nahelegt. In dieses Modell wird neben der emotionalen und geistigen Ebene auch die soziale Ebene miteinbezogen, und die körperliche Ebene wird in biologische und physikalische Einflüsse aufgeteilt:

Den regelkreisförmigen Zusammenhängen von Natur und Gesellschaft entsprechend gilt auch für die Medizin das Prinzip der Interaktion. In einer solchen Interaktion beeinflussen sich beim Menschen körperliche, emotionale, mentale, soziale Bereiche und das ökologische (biologische, physikalische) Umfeld gegenseitig und bewirken einen Prozess der Innen-Außenanpassung. Grundsätzlich berühren und steuern sich also Umwelt, Körper und Seele wechselseitig. Die Eigenständigkeit eines Patienten, seine soziale Integration sowie geistig-emotionale Einflüsse auf ihn müssen deshalb in besonderer Weise berücksichtigt und therapeutisch gesteuert werden.

Burrer 2013, S. 4

Die Forschung ist erklärtermaßen evidenzbasiert ausgerichtet, was gegenüber der Homöopathie, so wie sie bisher praktiziert wurde, ein Vorteil wäre.

Der Weg zum Umsetzen dieser Theorien im medizinischen Alltag ist allerdings noch weit. In der Psychologie ist er schon weiter fortgeschritten. Allerdings ist dieser Weg für Patienten wesentlich beschwerlicher, weil er stigmatisiert („Ich hab doch keinen an der Klatsche!" „Was wird mein Arbeitgeber dazu sagen?"), von der Krankenkasse erschwert wird und eine psychologische oder gar psychiatrische Diagnose erfordert. Da liegt der Gang zum Homöopathen (zumal, wenn er von der besten Freundin wärmstens empfohlen wird) oder eine homöopathische Selbstbehandlung wesentlich näher. Dieser *freie Zugang* ist ein nicht zu unterschätzender weiterer Teil des guten Gefühls, das die Homöopathie den Patienten anbietet.

Ob wir für die hier genannten Punkte heute gerade die Homöopathie unbedingt brauchen (zumal der Grundsatz der Ähnlichkeit als obsolet gelten muss; man dürfte sie also konsequenterweise eigentlich gar nicht mehr so nennen), ist die große Frage. In einem nächsten Schritt in Richtung auf eine Antwort darauf sollten wir uns noch einmal die Fakten ansehen und was die Naturwissenschaft zu diesen sagt.

… Und wie können wir mit der Naturwissenschaft Stellung dazu beziehen?

Im vorangehenden Unterkapitel erläuterte ich meine Vermutungen darüber, wie sich diejenigen Inhalte der Homöopathie als Methode, die im 21. Jahrhundert von Hahnemanns Gedankengebäude übrig bleiben und erwägenswert sind, neu denken lassen. Diese Schlüsse habe ich, wie in diesem Buch dargelegt, aus meinem täglichen Umgang mit der Homöopathie und meinen Patienten und nach der

Auseinandersetzung mit den Theorien der homöopathischen Ursprungslehre gezogen. Sie stehen nun zur Überprüfung zur Verfügung. Diesem Vorhaben widme ich mich in diesem Abschnitt. Allerdings weise ich vorab darauf hin, dass es nun sehr wissenschaftlich wird (für homöopathische Verhältnisse). Dieser Teil richtet sich eher an ein medizinisches Fachpublikum und an Leserinnen und Leser, die sich für wissenschaftliche Forschung interessieren.

Den Gründen, warum sich Patienten zur Homöopathie hingezogen und dort aufgehoben fühlen, können wir nicht in Gänze wissenschaftlich nachgehen. Ein „gutes Gefühl" hat zu viele unbestimmbare Faktoren, deren Einflüsse nicht genau quantifizierbar sind, auch weil sie sich individuell voneinander unterscheiden.

Die Grundfrage „Hat die Homöopathie als Methode eine Wirkung?" lässt sich also allenfalls in Teilbereichen konkretisieren:

- Körperliche Ebene: Direkte Veränderungen eines körperlichen Symptoms oder indirekt in einem Messwert sich äußernde Veränderungen könnten nach den Maßstäben medizinischer Studien beurteilt werden.
- Emotionale und geistige Ebene: Komplexere Veränderungen auf der emotionalen und geistigen Ebene dürften eher in psychologischen Studien zu erfassen sein.
- Weiterer Vorschlag: Fragen nach einem gezielten, vielleicht nur vermeintlichen, Super-Placebo-Effekt, wenn die Globuli mit einer individuellen Botschaft verknüpft werden, könnte man ebenfalls in medizinischen Studien nachgehen.

Zunächst ein kleiner Exkurs darüber, wie man bei einem solchen Überprüfen in der Medizin vorgeht.

Wie prüft man die Wirkung eines Medikaments?

Vor der Einführung des modernen Prinzips der evidenzbasierten Forschung ging man, vereinfacht dargestellt, so vor: Man beobachtete, was sich bei einem Patienten veränderte, wenn er ein Arzneimittel eingenommen hatte, und hielt diese Veränderungen fest. Sie galten gleichsam als Beweis für die Wirkung des gegebenen Medikaments. Problematisch daran ist, dass sich so nicht beweisen lässt, dass die festgestellten Veränderungen allein und zwingend durch diese Einnahme geschehen sind. Möglicherweise spielten andere Ursachen eine Rolle (z. B. veränderte Lebensbedingungen), oder die Beschwerden wären in der Beobachtungszeit auch von alleine wieder abgeklungen. Es besteht kein gesicherter Zusammenhang zwischen Ursache und Wirkung, kein offensichtlicher und logischer Kausalzusammenhang (der die Grundlage der evidenzbasierten Forschung von heute ist). Und es wird auf diese Weise auch nicht erfasst, warum und wie häufig es zu keinen Veränderungen nach der Einnahme kam, welches also die Ausnahmen von der (erwarteten) Regel sind, wie sie zustande kommen und wie häufig sie auftreten.

In der Homöopathie ging man in der Forschung bisher so vor: Ein Patient nahm die Globuli, und das allgemeine Befinden oder die körperlichen Symptome veränderten sich. Also ging man davon aus, dass diese Veränderung durch die Globuli-Gabe verursacht worden war. Dies lässt sich jedoch bisher nicht nachweisen: Zu viele andere Faktoren können eine Rolle gespielt haben. Darüber hinaus können wir Homöopathen nicht einmal erklären, wie es dazu hätte kommen können. Denn wie wir festgestellt haben, liegt unseren Globuli gar kein logisch nachvollziehbarer Wirkmechanismus zugrunde, und andere Erklärungen wollen wir nicht länger gelten lassen.

Naturwissenschaft geht anders. Wir sehen, dass sich etwas verändert, und versuchen herauszufinden, welches (bekannte und logische) Prinzip dahinterstecken könnte und ob sich die postulierte Ursache-Wirkungs-Kette reproduzieren lässt. Ein offensichtlicher Zusammenhang besteht aber vor allem dann, wenn nicht nur A zu B führt, sondern auch B nicht eintritt, wenn A unterbleibt. Das ist die absolut notwendige Voraussetzung, um von Kausalität sprechen zu können.

Zur Veranschaulichung: Eine Mutter, die ihrem gestürzten Kind Arnica-Globuli gibt und beobachtet, dass der blaue Fleck rasch vergeht, müsste bei einem nächsten Sturz des Kindes beobachten, was passiert, wenn sie keine Globuli gibt. Dann müsste sie zirka hundert weitere Kinder beobachten, die nach einer Prellung jeweils Arnica erhalten oder eben nicht und die Ergebnisse dahingehend überprüfen, ob ein Zusammenhang besteht, der signifikant über Zufälliges hinausgeht, und/oder ob es andere Einflüsse gegeben haben mag, die das Ergebnis relativieren (z. B. Schwere der Stürze, Alter der Kinder, Art der Kleidung et cetera).

Sie müsste sogar noch weiter gehen: Es könnte zum Beispiel sein, dass die Mütter, die in der Vergangenheit erlebt haben, dass ihre Kinder besonders ausgeprägt zu blauen Flecken neigen, auf Arnica zurückgreifen und andere eher nicht. Dann hätten wir zwei Gruppen mit unterschiedlichen Eigenschaften vor uns – der Empfindlichkeit für blaue Flecken, und diese Eigenschaften schlagen möglicherweise auf das Ergebnis durch. Man müsste daher die zu beobachtenden Kinder nach einem Zufallsprinzip in zwei Gruppen einteilen.

Wir wählen also hundert Kinder aus und würfeln dann, welches Kind Arnica erhält und welches nicht. Ausgeschlossen werden müsste der Placebo-Effekt, der dadurch entsteht, dass ein Kind erkennbar ein (vermeintliches) Medikament erhält, ein anderes nicht. Alle müssten sie also Globuli bekommen, die einen Placebo-Globuli, die anderen Arnica-Globuli. Kinder und Eltern dürfen nicht wissen, wer was erhält – und derjenige, der die Daten auswertet, solange als möglich auch nicht. Erst zum Schluss, wenn alle Kinder (beispielsweise nach einem Punkteschema) bewertet worden sind, darf der Auswerter erfahren, welches Kind Placebo erhielt und welches Arnica. Das wäre der derzeitige Goldstandard der medizinischen Forschung: eine doppelt verblindete placebokontrollierte Vergleichsstudie (Aust, persönliche Mitteilung, Juli 2014).

Natürlich würde keine Mutter so vorgehen; sie verlässt sich auf ihr Gefühl, ihre Erfahrung und vielleicht auch auf die Erfahrungen anderer Mütter. Das aber hat mit wissenschaftlichem Vorgehen nichts zu tun. Den oben skizzierten Aufwand der Überprüfung (und Falsifikation[2] im Sinne

---

[2] Unter Falsifikation versteht man in der Wissenschaft das Falschbeweisen einer Hypothese. Möglicher, als eine Wirkung zu beweisen (bei der immer viele Einflüsse eine Rolle spielen können), ist es, zu beweisen, dass keine Wirkung stattfindet. Dies kann man leichter mit Sicherheit feststellen und von zufälligen Ereignissen abgrenzen. Die Falsifikation hat sich als Standard in der (medizini-

von: Arnica hat *keinen* nennenswerten Einfluss auf die Entwicklung blauer Flecken nach Prellung) übernimmt die evidenzbasierte Forschung.

Offensichtlichkeit und Begründbarkeit von Ursache und Wirkung sind also zwingend nötig, um auszuschließen, dass A und B nur zufällig aufeinander folgen – auch in der Homöopathie.

Ganz bewusst habe ich deshalb im ersten Satz meines Buches geschrieben: Ja, ich habe *unter* homöopathischer Therapie diese und jene Krankheit verschwinden sehen. Denn es ist ganz einfach nicht mit Sicherheit zu sagen, ob diese Veränderungen *durch* die Homöopathie geschehen sind. Über ihren unwissenschaftlichen Teil, also den Teil, der davon ausgeht, dass eine arzneiliche Wirkung der Globuli (via Energie und Lebenskraft) die Wirkung der Homöopathie ausmacht, wird sich die Homöopathie nicht untermauern lassen.

Bisher zeigen alle korrekt nach dem oben skizzierten Vorgehen durchgeführten Studien zur Homöopathie nur das: Es ist egal, ob wir Arnica-Globuli oder leere Globuli geben. Der Effekt ist in beiden Fällen gleich groß. Der Effekt entspricht genau dem Effekt, der auftritt, wenn jemand ein vermeintliches Medikament erhält, von dem er glaubt, dass es ihm hilft: dem Placebo-Effekt.

Das (und die fehlende Erklärbarkeit einer arzneilichen Wirkung in der Homöopathie) muss uns zu dem Schluss Anlass geben, dass die Homöopathie keine Arzneitherapie

---

schen) Forschung etabliert, denn: Beweisen kann man Kausalzusammenhänge überhaupt nicht. Dies würde einen unendlichen Regress erfordern. Das Falsifizieren ist nicht leichter als das Verifizieren, sondern es ist die einzige Möglichkeit, einen Kausalzusammenhang darzustellen.

ist. Sie wirkt allenfalls über einen Placebo-Effekt und beschränkt sich ansonsten auf eine Art Gesprächstherapie. Ich habe versucht, die Prinzipien der Homöopathie als Methode aufzuzeigen: wie sie bei ihren Gesprächen vorgeht und was ihre Methode von anderen Gesprächen zwischen Therapeut und Patient unterscheidet. Nun wäre es an der Zeit, diese Methode zu untersuchen. Das oben genannte Forschungsprinzip der Evidenz wird allerdings komplexer, wenn man statt eines Arzneimittels eine ganze Methode überprüfen möchte. Die vielen unkalkulierbaren Einflüsse und Unsicherheiten erschweren eine verlässliche Beurteilung. Wenn nach dem Falsifikationsprinzip die Homöopathie als Methode nachweislich *keinen* Einfluss hat, so wird sich das nach einigen Studien (nach neuem Schema, siehe unten) mit einiger Sicherheit sagen lassen.

> Das höchste Ideal der Heilung ist schnelle, sanfte, dauerhafte Wiederherstellung der Gesundheit, oder Hebung und Vernichtung der Krankheit in ihrem ganzen Umfange auf dem kürzesten, zuverlässigsten, unnachtheiligsten Wege, nach deutlich einzusehenden Gründen.
>
> Hahnemann 2005, *Organon,* Paragraph 2

Das sagt Hahnemann selbst zur Heilung. Allein, die deutlich einzusehenden Gründe ist er (und sind alle seine Nachfolger) bisher schuldig geblieben. Ich schlage deshalb ein neues Vorgehen vor, um zu überprüfen, ob etwas dran ist an der Homöopathie:

- Wir akzeptieren (als Homöopathen schweren Herzens), dass in den homöopathischen Medikamenten nichts drin ist, das die Wirkung erklären könnte, schon gar keine

Energie oder ein Geist. Hierzu brauchen wir keine weitere Forschung zu bemühen.

- Wir trennen die Arzneimittel von der Methode. Sie sind substantiell wirkungslos, können aber über einen Placebo-Effekt wirken (den wir weiter untersuchen könnten). Die Homöopathie ist damit nicht länger eine Arzneitherapie.

- Wir überprüfen, ob *die homöopathische Methode* als eine Art Gesprächstherapie Effekte auf die emotionale und geistige Ebene oder rückwirkend einen messbaren Einfluss auf basale Körperprozesse hat. Hier müssen wir davon Abstand nehmen, die Homöopathie als Ganzes beweisen zu wollen, und uns zunächst Teilfragen zuwenden. Natürlich liegt uns daran zu erhärten, dass sie in dieser Form anderen, bereits etablierten Verfahren gleichwertig oder gar überlegen ist. Doch das muss sich erst erweisen.[3]

Für die Homöopathie mit Globuli bedeutet das konkret:

Wir müssen zunächst die Nichtbegründbarkeit unserer Globuli-Wirkung anerkennen. Außer einem Placebo-Effekt wirkt hier nichts. Auch diesen müssten wir erst beweisen, könnten ihn aber immerhin begründen (eventuell sogar zusätzlich als einen „gezielten", individuellen Placebo-Effekt). Ein Placebo-Effekt *könnte* eine Ursache sein. Physiologische Veränderungen sind im Rahmen eines Placebo-Geschehens definitionsgemäß möglich. Dann müssen wir anerkennen, dass die Wirkung dieses Effekts sich schwer direkt erfassen lassen wird, da die beabsichtigten Wirkungen komplex

---

[3] Eine Studie von Brein et al (2010) geht bereits diesen Weg und kommt immerhin zu dem Ergebnis, dass die homöopathische Konsultation (im Gegensatz zur Globuligabe) einen positiven Effekt hat.

sind. Von geistigen Veränderungen über emotionale bis hin zu körperlichen ist alles möglich. Wir könnten die Veränderung an konkreten körperlichen Symptomen und/oder an der Kern-Empfindung festmachen. Die Forschungsfrage könnte beispielsweise lauten: Geht der Placebo-Effekt in der Homöopathie über den normalen Placebo-Effekt hinaus oder nicht?

Für die Homöopathie als Methode bedeutet das konkret: Welches die Ursachen für eine mögliche Wirkung der Homöopathie als Methode sein könnten und auf welcher Ebene sie dem Menschen eventuell hilft, das heißt, wo und wie sie ihre Wirkung entfalten könnte, habe ich im vorangehenden Unterkapitel dargestellt. Demnach gibt es (komplexe) Gründe für eine mögliche Wirkung. Mit der *Beurteilung* der Wirkung ist es ungleich schwerer. Und das aus den folgenden Gründen:

Will die Homöopathie Teil der Medizin und damit Teil der Naturwissenschaft sein, darf sie deren (gut begründeten und erforschten) Gesetzen nicht widersprechen. Mit *rein* naturwissenschaftlichem Vorgehen wird man allerdings auch nicht zum Ziel kommen, da die Homöopathie ja auch komplexe geistige Prozesse umfassen möchte. Die geistige Ebene eines Menschen ist in der Medizin ein sehr ungewohnter Bereich. Der Grat zur esoterischen Geistheilung und zur Scharlatanerie ist sehr schmal und deswegen gefährlich nahe am Unwissenschaftlichen (von dem wir Homöopathen uns ja lösen müssen). Ich habe den geistigen Teil des Menschen hier als gegeben postuliert – wohl wissend, dass damit Gebiete der Spiritualität, Philosophie, Psychologie, aber auch der Esoterik berührt werden, die ich in diesem Rahmen nicht erschöpfend behandeln kann, und dass dieser Teil bisher nicht Teil der Medizin war. Der Geist des Menschen wäre eventuell dann für die Medizin relevant, wenn klar werden sollte, dass viele Erkrankungen einen Ursprung im geistigen Bereich haben oder hier zumindest eine Modulation erfahren (wie es die Homöopathie nahelegt). Bisher hat die Medizin sich auf den körperlichen Bereich beschränkt und leistet hier Hervorragendes. Hier ist Medizin messbar, hier findet Medizin im naturwissenschaftlich erfassbaren Bereich statt, hier können Studien eindeutige Ergebnisse liefern.

Studien im emotionalen oder gar geistigen Bereich sind ungleich schwieriger. Welche Kriterien will man zur sicheren Beurteilung heranziehen? Aufgrund der Komplexität des Menschen stößt hier das naturwissenschaftliche Paradigma der Trennung von Ursache und Wirkung an Grenzen. Gerade im emotionalen und geistigen Bereich lassen sich nicht alle Einflussgrößen in Zahlen ausdrücken und so einer statistischen Auswertung zugänglich machen. Hier tritt oft eine Multikausalität auf, die nicht ganz so einfach zu beurteilen ist wie ein eindimensionales Ursache-Wirkungs-Prinzip. Doch warum sollte Medizin sich auf eine Ebene beschränken? Ich bin davon überzeugt, dass der Geist Teil der Medizin sein oder werden *könnte*. Es gilt, Wege zu finden, die über die körperliche Ebene hinaus auch die emotionale und die geistige Ebene der wissenschaftlichen Forschung zugänglich machen. Aus der Emergenz-Theorie wissen wir, dass das Zusammenwirken mehrerer Summanden mehr als die zu erwartende Summe ergibt, weil zum Beispiel Synergien auftreten. Ein System kann Eigenschaften entwickeln, die sich nicht 1:1 aus den Einzelteilen ergeben. Das Zusammenspiel basaler neurophysiologischer und biochemischer Prozesse ergibt unser Bewusstsein, unsere Gedanken oder unsere Gefühle. Man kann diese Prozesse zwar einzeln erklären, den qualitativen Sprung zum „großen Ganzen" jedoch nicht restlos durch Physik und Biologie begründen (Emergenz nach oben). Dies können wir eventuell andersherum nutzen (Emergenz nach unten). Selbst wenn wir das „große Ganze" der Homöopathie nicht erklären können, so können wir doch einzelne, basale Teile ihrer Wirkung genauer untersuchen.

> Menschliche Gedankeninhalte (Ideen, Konzepte) besitzen Emergenzeigenschaften gegenüber den neurologischen Prozessen und psychischen Akten, aus denen sie entstehen.
>
> Wikipedia, Stichwort Emergenz

Es ist also möglich, dass der an sich schwer zu fassende menschliche Geist aufgrund der Emergenz einen Einfluss auf die menschliche Biologie, Chemie, Neurophysiologie etc. hat, der sich nicht 1:1 aus deren Prinzipien erklärt.

Eine geistige Vorstellung („Ich entspanne mich") kann auf der Ebene der Hormone zu einer verminderten Ausschüttung zum Beispiel der Stresshormone Adrenalin und Cortisol führen. Das geschieht über sehr komplexe Zusammenhänge im menschlichen Körper, die alle für sich genommen stimmig und nachvollziehbar sind, die aber erst durch ihr Gesamtzusammenspiel eben diese Wirkung haben. Cortisol-Ausschüttungen sind durch vielerlei Mechanismen im Körper möglich und steuerbar. Es bedarf dazu nicht unbedingt einer geistigen Vorstellung – aber sie sind *auch* durch den Geist beeinflussbar. Das wiederum müsste indirekt messbar sein.[4]

Ein solches Vorgehen ist allerdings nicht mehr rein naturwissenschaftlich (es widerspricht der Naturwissenschaft aber auch nicht). Ab der emotionalen Ebene haben wir es nicht mehr mit rein materiellen, messbaren, biologisch-physikalischen Tatsachen zu tun. Die Homöopathie, so wie ich sie bisher dargestellt habe, bewegt sich nicht nur in den Grenzen der Naturwissenschaft; gerade das ist das Besondere an ihr. Es geht nicht um die körperliche Ebene allein, es geht auch nicht nur um Arzneimittel, es geht auch um Inner- und Zwischenmenschliches und um Therapieprinzipien. Dafür sind eigentlich die Sozial- und nicht die Naturwissenschaften zuständig. Die Sozialwissenschaften (z. B. die Psychologie) gehen völlig anders an ihren Forschungsgegenstand heran, weil es sich um einen völlig anderen Gegenstand handelt (in etwa: „Der Mensch wird in seiner Komplexität betrachtet, nicht nur körperliche Funktionsprozesse spielen eine Rolle"). Dies hat die Medizin in manchen Bereichen bereits akzeptiert, in anderen noch nicht. Forschungen im Bereich der *Salutogenese* beispielsweise, also im Bereich des medizinischen Konzepts, das sich nicht vorwiegend mit Krankheit (und ihren Ursachen), sondern mit Gesundwerden bzw. Gesundheit (und ihren

---

[4] Ein kleines Experiment zu diesem Prinzip: Schließen Sie für einen Moment die Augen, und sagen Sie zu sich: „Ich atme aus." Spüren Sie dem einen Moment nach, und lesen Sie dann weiter.
Schließen Sie wieder die Augen, und sagen Sie zu sich: „Ich atme *weit entspannt* aus."
Bemerken Sie einen Unterschied, in der Tiefe und Länge der Ausatmung, in Ihrer Gesamtspannung in der Muskulatur oder Ähnlichem?
Und wären solche Veränderungen messbar, die Wirkung der geistigen Vorstellung („weit entspannt") also objektivierbar?

Erhaltungsmöglichkeiten) beschäftigt, zeigen, dass geistige Einstellungen einen Einfluss auf körperliche Prozesse haben. Zum Beispiel bilden Patienten, die hoffnungsvoll mit einer Erkrankung umgehen, deutlich mehr Immunzellen, während Patienten, die sich hilflos fühlen, eine Erhöhung eines Stresshormons aufweisen, das zu einer Verminderung von Immunhelfern (Antikörpern) führt (z. B. Lorenz 2004). In diesem Forschungszweig geht man – wie in der Homöopathie – davon aus, dass der Mensch Steuerungsmöglichkeiten für seine Gesundheit bzw. Gesundung besitzt, die er aktivieren oder deaktivieren kann. Forschung im Bereich der Homöopathie müsste sich also vermehrt mit der Frage beschäftigen, welche ganz konkreten Effekte sie als Methode auf den Körper und seine mess- und bewertbaren Befunde hat.

Um diese emergenten Veränderungen auf der körperlichen Ebene, hervorgerufen zum Beispiel durch das Setting der homöopathischen Therapie, zu prüfen, könnten wir wie folgt vorgehen:

Zunächst gilt es den Forschungsgestand zu erweitern. Die emotionale und geistige Ebene werden als gleichwertig neben der körperlich-physikalischen akzeptiert und auch, dass es zwischen den Ebenen zu Rückwirkungen kommen kann. Teilweise wurde hierfür auch schon der Begriff der Humanwissenschaft geprägt (Wikipedia, Stichwort Humanwissenschaft).

Dann muss das, was wir überprüfen möchten, in Form einer falsifizierbaren Aussage vorliegen, zum Beispiel: Das therapeutische Setting der Homöopathie vermindert Allergiesymptome von Patienten. Anschließend ist festzulegen, welche Daten zur Beurteilung herangezogen werden sollen.

Welche Patienten, welche genaue Diagnose, welche Kriterien (z. B. typische Symptome wie Augenbrennen, Naselaufen, Niesen, aber auch typische Messwerte wie Immunglobulin E oder Histamin) werden untersucht und in die Studie aufgenommen? Um die Hypothese prüfen zu können, müsste dann für eine Vergleichsgruppe mit gleicher Diagnose und rein normalmedizinischer Behandlung gesorgt werden. Eine Verblindung (kein Teilnehmer oder Therapeut weiß, welcher Gruppe er angehört) ist in diesem Fall nicht möglich, denn Patient und Therapeut merken ja, ob sie sich in einem homöopathischen Setting befinden oder nicht. Dann wird das Studiendesign erarbeitet, das festlegt und darstellt, wie man die Untersuchung genau durchführt. Das kann sehr schwierig werden, da viele Einflussmöglichkeiten im Vorhinein bedacht werden müssen. In unserem Beispiel ist etwa die Behandlungsdauer sehr unterschiedlich: konventionelle Medizin fünf Minuten, Homöopathie anderthalb Stunden. Hat allein die Zeit einen Einfluss auf die Messwerte? Haben unterschiedliche Therapeuten oder unterschiedliche homöopathische Methoden einen Einfluss? Wie kann man das herausfinden und diese Einflüsse weitestmöglich neutralisieren, um sicherzustellen, dass Unterschiede im Ergebnis ausschließlich auf die unterschiedlichen Behandlungssituationen zurückzuführen sind?

Nun wird die Studie durchgeführt, und die Daten werden ausgewertet. Die wichtigste Frage ist, ob es Unterschiede zwischen der Homöopathie-Gruppe und der Vergleichsgruppe gibt und ob diese Unterschiede nur zufällig entstanden sind. Um das auszuschließen, muss man erstens möglichst große Gruppen mit zufällig und bunt gemischten Patientenkollektiven untersuchen. Zweitens müssen die so gewonnenen Ergebnisse mittels sogenannter Signifikanz-tests dahingehend überprüft werden, ob sie nur einer zufäl-ligen Verteilung entsprechen oder überzufällig (*signifikant*) davon abweichen. Wichtig ist auch, ob es unvorhergesehe-ne Ereignisse gab, die einen Einfluss auf das Ergebnis hätten haben können (z. B. nur leichte Allergiesaison; regionale Unterschiede von Pollenflügen; haben die homöopathisch behandelten Patienten auch wirklich keine konventionell-medizinischen Medikamente eingenommen?). Alle diese Faktoren werden diskutiert und in einer wissenschaftlichen Veröffentlichung dargestellt.

Auch komplexere Einflüsse des therapeutischen Settings der Homöopathie könnten so untersucht werden. Wäh-rend in jedem Supermarkt über Düfte und Lichtmanipu-lationen bewusst Einfluss auf unser Empfinden genommen wird, vernachlässigt man in der Medizin das Empfinden des einzelnen Patienten (als Ausdruck des geistigen Teils des Menschen). Im Marketing misst man den Einfluss über die Empfindung indirekt am Kaufverhalten. Welche indirekten Kriterien könnten wir in der Medizin heranziehen, um Ein-flüsse auf die Gesundheit über das Empfinden darzustellen? Vielleicht subjektive Beurteilungen des eigenen Befindens vor und nach einer (homöopathischen) Therapie (z. B. in Form von Skalen)? Wäre zum Beispiel der Vergleich des Verbrauchs an konventionellmedizinischen Medikamenten bei einer Krankheit ein indirekter Hinweis auf die Emp-findung des Patienten (z. B. Reduktion der Schmerzmit-teleinnahme)? Ließe sich der Einfluss auf Empfindungen womöglich über die Hirnforschung nachweisen? Oder las-sen sich aus Kriterien wie Blutdruck, Stresshormon-Spiegel, Immunparametern etc. Rückschlüsse ziehen?

Ein beispielhaftes Vorgehen analog dem oben skizzierten Studienentwurf könnte sein: Die falsifizierbare Hypothese lautet: „Das homöopathische Setting reduziert das Stressempfinden eines Patienten." Emergente körperliche Veränderungskriterien könnten in diesem Fall sein: Cortisol-Tagesprofil, Basis-Serotonin, Adrenalin, Noradrenalin und DHEA (Hormone und Hormonvorstufen, die bei Stress erhöht sein können; Henzen 2004, Kirschbaum 2001).

Vermutlich wird ein solches Vorgehen aber trotzdem nur schwer möglich sein, weil das individuelle Herangehen der Homöopathie gerade auf individuelle Veränderungen abzielt. Dies galt bisher als Gegenargument, die Wirksamkeit der Homöopathie überhaupt experimentell überprüfen zu können. Solche Veränderungen sind im persönlichen Gespräch vielleicht feststellbar, in Studien jedoch schwer in Kriterien zu fassen. Sie unterliegen zu vielen Störanfälligkeiten. Der Zufall, die vergangene Zeit und unzählige andere Faktoren des Lebens (wie Umzug in eine neue Stadt, neuer Lebenspartner etc.) können ebenfalls zu Veränderungen geführt haben. Hier plädiere ich dafür, die konkret benannte (Kern-)Empfindung des Patienten zur „Diagnose" zu machen und zuerst auf deren Veränderung zu achten.

Dabei gilt es jedoch zu bedenken, dass ein solcher Effekt und eine umfassende Heilung möglicherweise schwerer abzubilden sind als eine rein körperliche Verbesserung eines Funktionsausfalls. Ob zum Beispiel die Lungenfunktion eingeschränkt ist oder nicht, lässt sich leicht messen. Aber wie können wir eine Lebensveränderung aufgrund einer Einsicht oder eines Jobwechsels, ein besseres Lebensgefühl, eine verbesserte Selbstwahrnehmung in Studien darstellen? Wie können wir in Studien abbilden, was Frau M. im Eingangsbeispiel in die Worte fasste: „Die Schmerzen spielen keine Rolle mehr in meinem Leben"? Oder ist das nicht möglich, und wir müssen diesen Beweis unserer homöopathischen Erfahrungen weiter schuldig bleiben?

Studien mit solchen umfassenderen Fragestellungen müssten statt an naturwissenschaftliche an psychologische bzw. sozialwissenschaftliche Studiendesigns angelehnt sein. Zur Erfassung des Wohlbefindens stehen Tests zur Verfügung, zum Beispiel der Gesundheitsfragebogen Short Form 36, ein krankheitsunspezifisches Messinstrument zur Erhebung der gesundheitsbezogenen Lebensqualität. Der SF-36 wird in Medizin und Psychologie häufig zur Therapiekontrolle oder Verlaufsmessung eingesetzt. Er umfasst folgende Parameter:

- Vitalität
- körperliche Funktionsfähigkeit
- körperliche Schmerzen
- allgemeine Gesundheitswahrnehmung
- körperliche Rollenfunktion
- emotionale Rollenfunktion
- soziale Funktionsfähigkeit
- psychisches Wohlbefinden

Wikipedia, Stichwort SF-36

In diesem Bereich der psychologischen Therapie müsste die Homöopathie als Methode jedoch ebenfalls erst einmal den Beweis antreten, dass sie bereits etablierten psychologischen Methoden überlegen oder zumindest vergleichbar ist, was Veränderungen auf der Empfindungsebene angeht.

Nun noch einmal zu den Globuli: Die Überprüfung der Wirksamkeit der Homöopathie kam bisher einer Überprüfung der Wirksamkeit der Globuli gleich. Nach der Lektüre dieses Buches ist vielleicht klarer, dass diese Wirksamkeit von vornherein auszuschließen war, weil sie naturwissenschaftlich undenkbar ist. Dennoch wäre es eine weitere Idee, den Placebo-Einfluss der Globuli-Gabe genauer zu überprüfen. Wenn die Globuli eine allgemeine („Ich werde dir helfen") oder besser noch eine sehr gezielte Information enthalten („Ich werde genau dir bei genau deinen Beschwerden helfen") und dies offenbar einen teilweise großen Einfluss auf Patienten hat, ließe sich dies nicht in Studien belegen? Ein denkbares Vorgehen (wieder analog den oben aufgeführten Studien) wäre zum Beispiel, drei Gruppen zu bilden und zu vergleichen: (1) homöopathisches Setting mit Gabe von ganz normalen Globuli (ohne weitere Information darüber), (2) Gabe von Globuli mit konkreter Information (z. B. Verknüpfung mit der bewusst gewordenen Kern-Empfindung) und (3) Gabe der Information ohne Globuli (z. B. „Bitte denken Sie drei Mal am Tag an die Essenz unserer Gesprächs und daran, was Sie verändern möchten").

Eine andere Frage in Bezug auf die Globuli-Wirkung könnte sein: Macht das oft zelebrierte Geheimhalten des Arzneimittelnamens in der Homöopathie einen Unterschied aus (z. B. indem es die Selbstbeobachtung fördert und damit den Antrieb, sich mehr um sich selbst zu kümmern)? Lässt sich über die Placebo-Forschung etwas herausarbeiten, das so relevant ist, um über neue Therapiemodelle nachzudenken, zum Beispiel über den bewussten Einsatz von Placebos? Es fragt sich allerdings, ob dergleichen im Interesse der

Patienten und der modernen Medizin sein kann. Immerhin bliebe die weitere Forschung über die Homöopathie so an dieser Stelle ehrlich: Wir haben nur Placebos zu bieten und forschen über deren Wirkungsspektrum. Und wir forschen darüber, wie hilfreich diese sein können, zum Beispiel auch im Rahmen einer Selbstmedikation.

Alles in allem bleibt es schwierig, die Wirkung der homöopathischen Methode zu überprüfen. Es bleibt schwierig, das so oft betonte „gute Gefühl" der Patienten in Fakten zu übersetzen. Ich würde mir dennoch wünschen, mit diesem Buch zu Ideen für weitere (evidenzbasierte) Forschung in diesem Bereich angeregt zu haben. Denn als Teil der Medizin und damit der Naturwissenschaft muss und soll sich eine Wirkung der Homöopathie schlüssig und nachvollziehbar darstellen lassen. Wird sich die Hypothese „Die Homöopathie als Methode hat *keine* Wirkung – weder auf der emotionalen noch auf der geistigen noch rückwirkend auf der körperlichen Ebene" falsifizieren lassen? Patienten sollten sich darauf verlassen können, dass ihnen mit der Homöopathie etwas angeboten wird, das Daten und Fakten zur Basis hat, keine persönlichen Meinungen und Glaubenssätze, gerade weil sie selbst dies nicht überprüfen (können) und sich – letztlich – auf ihr Gefühl verlassen. Können wir das nicht anbieten, müssen wir die Methode verwerfen.

Die Homöopathie als Patient – ein Beispiel zum Schluss

Sehen wir uns als letztes und abrundendes Beispiel die Homöopathie als Patient an.

Zahlen, Daten und Fakten sprechen dafür, dass die Homöopathie krankt. Es fehlt ihr an Daten, die ihre Wirksamkeit belegen, sie leidet unter Fakten, die heute nicht mehr gelten können in einer Medizin, deren Basis die Naturwissenschaft ist, sie halluziniert Vorstellungen von Medikamentenwirkungen, die für niemanden sonst nachvollziehbar sind. Das wäre sozusagen die körperliche Ebene der kranken Homöopathie, das sind ihre Symptome.

Auf der emotionalen Ebene verbindet die Homöopathie große Ängste mit diesen Symptomen, die sie meistens in Abwehr und Nichtwahrhabenwollen ausdrückt. Lieber geht sie zum Gegenangriff über („An der wissenschaftlichen Medizin stimmt doch auch so einiges nicht!“).

Auf der geistigen Ebene leidet die Homöopathie unter der Wahnvorstellung, die Naturwissenschaft sei für sie gar nicht zuständig, Letztere habe eben noch nicht die richtigen Mittel, um sie zu beurteilen, alle seien gegen sie und verstünden sie nicht. Die Homöopathie erlebt sich als missverstanden, verurteilt und an den Pranger gestellt, obwohl sie doch nur das Beste für ihre Patienten möchte.

Käme die Homöopathie mit ihren Symptomen zu mir in die Praxis, so würde ich als Homöopathin kein Schmerzmittel verordnen, um die Symptome rasch hinwegzunehmen. Nein, ich würde vielmehr versuchen, mehr über sie und von ihr zu erfahren. In welchem Zusammenhang stehen ihre Symptome mit ihren Gefühlen, ihren Empfindungen und ihrem Denken und täglichen Handeln? Ich würde mir Zeit nehmen, sie erzählen lassen, wie es ihr geht, und empathisch zuhören, bis sie ausgeredet hat. Ich würde versuchen, sie nicht gleich zu verurteilen oder ein schnelles Gegenmittel für sie zu finden („Sieh's doch endlich ein, Homöopathie, das stimmt doch alles nicht!"). Ich würde mir ihre (Entstehungs-)Geschichte anhören, Hintergründe und Zusammenhänge verstehen wollen und versuchen, eine Art individuelle Leitidee herauszuarbeiten. Was ist *wirklich* ihr Problem? Wo kommt der Stress *eigentlich* her? Was hat sie zu mir geführt? Die Homöopathie könnte vielleicht so etwas sagen wie: „Die verstehen mich doch eh alle nicht. Ich will doch nur etwas Gutes, und die sind alle gegen mich. Zum Glück habe ich noch meine Patienten und meine treuen Homöopathen. Die finden mich gut. Da seht ihr doch, dass es alles gar nicht so schlecht sein kann!" Eine Leitidee bzw. Grundempfindung könnte sein: „Ich bin mir gar nicht sicher, ob ich eigentlich existieren darf, aber wenn ich das zugebe, gefährde ich meine eigene Existenz." Diese Empfindung lässt sich generalisieren. Sie gilt für jeden einzelnen Homöopathen genauso wie für die Homöopathie als Ganzes. Sie gilt für die mauen Fakten der Homöopathie ebenso wie für ihr fragwürdiges Gesamtdasein in der Medizin – damals wie heute. Wir wären bei der Kern-Empfindung angekommen. In dem Moment, in der der Homöopathie das bewusst würde, träte nun vielleicht eine kurzfristige, tiefe Entspannung ein: „Ach, so ist das bei mir! Ich habe Angst um meine Existenz!" Eine tiefe Selbsterkenntnis hätte stattgefunden.

Traditionell hätten wir als Homöopathen der Homöopathie nun ein paar Globuli gegeben, die bei einem Gesunden (vermeintlich) ähnliche Existenzängste ausgelöst hätten. Dadurch hätte die Homöopathie – Hahnemanns Theorie zufolge – ihre Existenzängste überwinden können.

Neu gedacht wäre jedoch vermutlich vielmehr Folgendes passiert: Die Homöopathie hätte sich durch das therapeutische Setting emotional gut aufgehoben und endlich verstanden gefühlt, so dass sich ihr Stress und ihre Abwehr möglicherweise schon allein dadurch abgeschwächt hätten. Sie hätte sich etwas entspannter der Realität zuwenden können. Darüber hinaus hätte sie durch ihre Selbsterkenntnis mehr über sich selbst gelernt: „Ich habe Angst um meine Existenz, weil bisher nicht viel für meine Existenzberechtigung spricht. Ich kann nach dieser Erkenntnis nun eine situationsgerechte Selbstveränderung einleiten, kann mir neue Gedanken machen, der Realität ins Auge sehen und mich um einen neuen Umgang mit meinen Defiziten und Symptomen bemühen." Vielleicht geben wir ihr dennoch ein paar Globuli mit, erklären ihr aber, dass sie nur als Placebo wirken und allenfalls die Suggestion enthalten und die Bedeutung tragen, sie solle sich um ihre Existenzberechtigung bemühen. Wann immer sie darüber in Zweifel komme oder in ihr altes Muster zurückfalle, solle sie die Globuli einnehmen.

Nun bestellen wir die Homöopathie ein paar Wochen später wieder in unsere Praxis ein und fragen nach dem Verlauf. Sie berichtet erleichtert, aber auch unter Tränen, sie habe sich mit einigen Daten und Fakten auseinandergesetzt und sehe nun ein, dass das wirklich schwer zu glauben ist. Sie sei ganz erleichtert, aber auch innerlich schwer erschüttert über diese Erkenntnis. Manchmal habe sie kaum weitermachen können auf diesem Weg. Einmal sei sie von schweren Ängsten überfallen worden. Sie habe dann aber die Globuli eingenommen und sich an unser Gespräch erinnert. Etwas tun zu können, habe ihr in dem Moment geholfen. Dann sei es langsam wieder besser geworden. Sie habe sich um neue Ideen für Studien bemüht. Seit der Erkenntnis, dass sie nur aus Angst bisher so abwehrend gehandelt habe, führe sie ein viel freieres Leben. Wenn sie der wissenschaftlichen Medizin oder der Naturwissenschaft begegne, sei sie nicht mehr so voller Ängste und müsse diese deshalb auch nicht mehr so stark abwehren. Es ginge ihr noch nicht perfekt, aber sie sei auf dem Weg der Besserung, sie komme besser mit den Symptomen zurecht.

In diesem Sinne hat also die Homöopathie als Patient eine Selbstheilung begonnen, deren Prozess nun weiter unterstützt werden sollte. Kein Gesetz der Naturwissenschaft wurde dabei verletzt. Dennoch – ob dieses Vorgehen Teil der heutigen Medizin sein kann, bleibt zu entscheiden. Denn offen ist die Frage, ob wir über das Prinzip der nach unten wirkenden Emergenz auf der Zahlen-Daten-Fakten-Ebene tatsächlich eine Veränderung feststellen können. Das wird eine Zeit dauern, und es wird nicht leicht sein, Kriterien zu finden, die den Schluss zulassen, bei der Homöopathie habe sich nicht nur innerlich (subjektiv), sondern auch äußerlich (objektiv, signifikant) etwas verändert. Die Veränderungen werden möglicherweise komplex sein. Im persönlichen Gespräch sind sie ganz gut zu erfassen, aber in Studien? Es wird schwer – vielleicht unmöglich – werden, eindeutige Parameter zu finden. Aber das scheint mir eher möglich und erfolgversprechender zu sein als das weitere Beharren der Homöopathie darauf, sie sei gar nicht krank.

Was nun? Ein Fazit

Als ich vor einigen Jahren mit den Arbeiten zu diesem Buch begann, wollte ich ein deutlich positiveres Buch über die Homöopathie schreiben. Ich wollte endlich klarstellen, was die Homöopathie möchte und kann. Ich begann also, mich zum ersten Mal ernsthaft mit den Hintergründen zu beschäftigen. Ich las kritische Bücher und Blogs, da ich ja dazu Stellung beziehen und die Argumente entkräften wollte. Ich musste feststellen: Die Homöopathie ist so, wie sie gemacht und gedacht wird, keine Medizin im heutigen Sinne. Es bleibt nicht viel übrig, wenn man die Fakten betrachtet. *Die* Homöopathie gibt es gar nicht, so fängt das schon mal an; zu viele sich teilweise deutlich widersprechende Strömungen machen eine Beurteilung schwer. Darüber hinaus sind die grundlegenden Theorien der Homöopathie (also die, über die sich die Homöopathen immerhin einig sind, wie z. B. Arzneimittelherstellung, Arzneimittelprüfung, Arzneimittelwirkung nach dem Prinzip der Ähnlichkeit) nicht mit der heutigen Medizin vereinbar, deren Basis die Naturwissenschaft und Kausalitäten sind.

Vereinfacht könnte man sagen: Die Homöopathie wirkt, weil wir als Homöopathen und weil unsere Patienten die Vorstellung haben, dass sie wirke. Etwas anderes stellen auch bisherige Studien nicht fest.

Wir haben nun zwei Möglichkeiten. Entweder wir verabschieden uns mit der Homöopathie aus der normalen Medizin. Wir brauchen uns dann keine Gedanken mehr über naturwissenschaftliche Gesetze zu machen, und wir brauchen keine weiteren Studien. Es gibt viele esoterische Strömungen, die überzeugte Anhänger haben; hier könnte auch die Homöopathie einen Platz finden. Wir können dann aber auch nicht mehr auf eine Erstattung durch medizinische Krankenkassen pochen – weder der Therapie noch der Medikamente. Oder wir bleiben Teil der Medizin und verabschieden uns von den unhaltbaren Theorie-Anteilen. Möglicherweise müssen wir die Homöopathie dann jedoch eher der Psychologie und auch der psychologischen Forschung, am besten einer humanwissenschaftlichen Forschung, zuordnen, da sie die emotionale und geistige Gesundheit mitumfassen möchte, auf der andere Gesetzmäßigkeiten gelten als auf der körperlichen Ebene. Ob die Homöopathie als Methode allerdings Vorteile gegenüber bereits etablierten psychologischen Verfahren hat, wäre erst zu erforschen. Die Homöopathie wäre dann keine Arzneitherapie mehr und dürfte eigentlich nicht mehr „Homöopathie" (Ähnliches heilt Ähnliches) genannt werden.

Eine Frage bewegte und bewegt mich die ganze Zeit über: Selbst wenn Forschung zunächst schwierig bleibt, weil noch unklar ist, wie man den komplexen Anspruch der Homöopathie als Methode in Studien umsetzen und überprüfen kann, worauf macht uns der ungebrochene Zustrom zur Homöopathie aufmerksam (aller Naturwissenschaft zum Trotz)?

Die Homöopathie kann (oder möchte) einiges, was die heutige Medizin nicht kann (oder möchte); zum Beispiel versucht sie den Patienten als Mensch zu sehen und nicht als Symptomträger. Dass dies nicht überall seriös und auf der Höhe der Zeit geschieht, steht außer Frage. Ebenso außer Frage steht aber, dass die Patienten sich zu Recht danach sehnen. Ich halte diesen Ansatz nach wie vor für ehrenhaft und stimme ihm als Ärztin voll zu. Es wäre wünschenswert, die Teile der Homöopathie, die sie so menschlich machen, in unsere symptomfokussierte und zeitarme Medizin zu übernehmen. Seit der Fallgruppenklassifizierung mit pauschalisiertem Abrechnungsverfahren, seit vor allem an der Zeit gespart wird, boomt die Homöopathie (Wikipedia, Stichwort Homöopathie, Abschn. 2.8.1 Deutschland). Ich kann jeden Patienten verstehen, der zu mir in die Praxis kommt, weil er nicht als Maschine mit Funktionsausfall betrachtet werden möchte. Der sich zwar dem hohen Niveau einer aktuellen Behandlungsleitlinie anvertrauen, jedoch nicht in ein starres Schema gepresst werden möchte, das keinen Raum für Individualisierung zulässt. Die Gefühle und Empfindungen von Patienten sind mir wichtig, und ich wünsche mir jemanden, der kompetent darüber entscheidet, welche Therapie zu unternehmen ist. Der Gang vom Hausarzt zum Psychologen ist immer noch mit Scham und Schuld beschwert und bedeutet oft schwere Auseinandersetzungen mit der Krankenkasse (oder dem sozialen Umfeld). Zudem muss eine psychische oder gar psychiatrische Diagnose als Voraussetzung gegeben sein, was bei den meisten Patienten natürlich nicht der Fall ist. Psychosomatiker sind ebenfalls Psychologen und somit gleichermaßen schwer zu finden. Es bleibt für die Patienten also zunächst so: Gehen sie zu ihrem Hausarzt, wird Medizin auf Körperebene betrieben. Hervorragend meist, aber dem Patienten als Menschen eben oft nicht ausreichend. Er wendet sich also an die *Alternativmedizin* und, nun ja, die Nachteile sind hinreichend bekannt und auch in diesem Buch dargestellt. Menschen entscheiden sich eben nicht nur auf Grund von Zahlen, Daten und Fakten; sie verlassen sich auch gerne auf ihre Intuition und ihr Gefühl bei Entscheidungen – auch bei der Wahl des Therapeuten.

Wenn ich also ein Fazit ziehe, dann dieses:

> Die Homöopathie ist schlecht in der Theorie, aber gut in der Praxis. Bei der wissenschaftlichen Medizin verhält es sich genau andersherum.

Letztere bietet Fakten und Wissen an, nähert sich damit aber dem Patienten als Menschen eher schlecht als recht. Solange die normale Medizin die Menschen mit ihren menschlichen Gefühlen und Empfindungen, die mit einer körperlichen Erkrankung verbunden sind oder zu einer solchen führen mögen, allein lässt, werden sie sich in alternativen Bereichen Hilfe suchen. Über das, was dort geschieht, haben wir keine Kontrolle. Wir sollten also nicht über die *Alternativmedizin* herziehen und nur ihre Nachteile anprangern, sondern das, was man dort zu finden hofft, in unsere Verantwortung übernehmen. Dies könnte ein Anlass sein, unser derzeitiges Gesundheitssystem – aber auch unsere medizinische Forschung im Hinblick auf das Umsetzen einer humanwissenschaftlichen Forschung – einem Grundsatz-Check zu unterziehen.

Ein Nachwort für Patienten und Homöopathen

Mir ist bewusst, dass es von Ihrer Seite wohl die meiste und härteste Kritik an diesem Buch geben wird. Es ist mir auch nicht leicht gefallen, dieses Buch zu schreiben. Ich habe der Homöopathie jahrelang absolut überzeugt angehangen. Ich war sogar ausschließlich homöopathisch tätig – in einer erfolgreichen Praxis mit tollen Rückmeldungen von Patientenseite (wobei sich die weniger Zufriedenen vielleicht nur zurückgehalten haben). Es hätte eigentlich so bleiben können. Doch dann begann ich mich mit den Hintergründen auseinanderzusetzen. Was passiert eigentlich genau bei der

Potenzierung? Wie sieht es wirklich mit den Studienergebnissen aus? Was sagen Wissenschaftler über die Theorie der Homöopathie? Wie funktioniert eine homöopathische Arzneimittelprüfung? Was hat Hahnemann selbst geschrieben – und zu welcher Zeit hat er dies getan?

Das Ergebnis hat mich geschockt – zunächst natürlich noch mit Unglauben gepaart, doch zunehmend wurde ich davon überzeugt, dass wir mit der Homöopathie übel dastehen. Es ist nicht leicht, das zuzugeben.

> Wer zum Beispiel eine lange und wohlmöglich auch finanziell kostspielige Ausbildung zum Homöopathen absolviert hat, hat entsprechend viel zu verlieren. Wenn ein Skeptiker versucht, ihn zu überzeugen, dass Globuli nichts als kleine Zuckerkügelchen seien und hinter dieser Spielart der alternativen Medizin allenfalls ein Placebo-Effekt stecke, wird er sich davon nicht beeindrucken lassen. Denn unabhängig von den inhaltlichen Erwägungen gilt für ihn, dass die gesamte Ausbildung umsonst gewesen wäre, wenn er die Argumente des Skeptikers übernehmen würde. Darüber hinaus müsste er sich damit auseinandersetzten, dass er all die Jahre in seiner Praxis Patienten wirkungslose Zuckerpillen gegeben hat. Für so einen Homöopathen steht also viel auf dem Spiel.
>
> Herrmann 2013, S. 42

Ja, es steht viel auf dem Spiel. Ich kenne das vielleicht so gut wie Sie: Fast täglich verlassen Patienten meine Praxis und haben mir überzeugend dargelegt, dass es ihnen seit Beginn der homöopathischen Behandlung besser geht; Erwachsene, Kinder, Leicht- und Schwerkranke gleichermaßen. Warum das alles aufgeben oder in Frage stellen? Das

Problem an uns Homöopathen ist, dass wir bislang keine zweifelsfreie oder auch nur nachvollziehbar logische Erklärung für eine solche kolportierte Wirksamkeit liefern können. Wir erzählen von unseren geheilten Patienten, wir führen unsere Kinder, nahe und entfernte Bekannte und Verwandte an, aber wir können keine einzige Studie vorweisen, die diese Heilerfolge *wirklich* bestätigt (bzw. eine, die *sicher* über einen Placebo-Effekt hinausgeht). Darüber hinaus bleibt das Problem, dass unser Wunsch, in den Globuli sei eine heilende Energie enthalten, nicht haltbar ist, will man die Homöopathie als Teil der Medizin und damit als Teil der Naturwissenschaft anwenden. Diese Energie können wir einfach nicht als Faktum, sondern allenfalls als eine uns Homöopathen liebgewonnene Vorstellung anbringen. Gleiches gilt für die Lebenskraft. Von diesen Vorstellungen und Begriffen müssen wir uns verabschieden. Von den Globuli als Träger einer substantiellen oder geistartigen Wirkung müssen wir uns ebenfalls verabschieden. Es müssen hierzu auch keine weiteren Studien gemacht werden. Denn was naturwissenschaftlich nicht möglich ist, kann und muss innerhalb der Medizin nicht bewiesen werden. Dieser Teil der Homöopathie ist einfach falsch. Bitte lesen Sie hierzu die angegebenen Quellen einmal selbst.

Das anzuerkennen, war erst einmal eine herbe Enttäuschung für mich, und vielleicht geht es Ihnen nun ebenso.

Intellektuelle Redlichkeit bedeutet ja gerade, dass man nicht vorgibt, etwas zu wissen oder auch nur wissen zu können, was man nicht wissen kann, dass man aber trotzdem einen bedingungslosen Willen zur Wahrheit und zur Erkenntnis besitzt, und zwar selbst dann, wenn es um Selbsterkenntnis geht, und auch dann, wenn Selbsterkenntnis einmal nicht mit schönen Gefühlen einhergeht.

Metzinger 2013, S. 11

Dieser Grundsatz hat mich in meinen Recherchen geleitet, und ich gebe gerne zu, dass es oft keine schönen Gefühle waren, die mich heimsuchten, als ich die Studien, Quellen und skeptischen Blogs las. Es ist immer schwer, sich von langjährigen Vorstellungen zu verabschieden. Zumal, wenn zu befürchten ist, dass statt der hoffnungsvollen Überzeugungen nur Trostloses bleibt. Der Verzicht auf eine Lebenskraft und ihre Beeinflussung durch eine energetische Information in den Globuli ist tiefgreifend. Er fällt vor allem dann nicht leicht, wenn wir daran denken, dass wir unseren Patienten als Homöopathen dann nichts mehr zu bieten haben (und nie zu bieten hatten). Aber ist das so?

Die Zeit und Offenheit, mit der wir uns als Homöopathen unseren Patienten nähern, die Differenziertheit unserer Zuwendung zu jedem einzelnen Patienten und die Idee der Individualisierung der Medikation halte ich, bei aller berechtigten Kritik, für wichtige Pluspunkte der Homöopathie – auch und gerade heute noch. Darüber hinaus finde ich das homöopathische Menschen- und Krankheitsbild deutlich richtiger als das in der normalen Medizin täglich gelebte.

Auf einem Internet-Arzt-Vergleichs-Forum habe ich mich von meinen Patienten bewerten lassen. Ich habe gute Rückmeldungen bekommen für die Zeit, die ich mir genommen habe, für meine Erreichbarkeit, für die Gespräche, die an sich heilende Wirkung gehabt hätten, für die Empathie et cetera. Kein einziger Patient hat mir geschrieben: Danke, dass Sie endlich die richtigen Globuli für mich gefunden haben. Die meisten Patienten scheinen durchaus nicht an den homöopathischen Globuli zu hängen, sondern vielmehr an dem Gesamt-Setting und der oft kassenfinanzierten Alternative zur normalen medizinischen Praxis. Hier gilt es zu überprüfen, welche Teile dieser naturwissenschaftlich basierten Medizin schmerzlich fehlen, welche wir aus der Homöopathie entnehmen und integrieren können.

Natürlich ist Naturwissenschaft nicht alles, dies wird von uns Homöopathen immer wieder gerne angeführt. Aber die Medizin ist Teil der Naturwissenschaft. Will die Homöopathie Teil der Medizin sein, muss sie sich an naturwissenschaftliche Prinzipien halten und sich an den Kriterien der Medizin und Wissenschaft messen lassen. Tröstlich daran ist, dass es kein Warten und Hoffen auf ein Wunder mehr geben muss. Alle Fakten sind bereits auf dem Tisch.

Würden Sie einem Chirurgen Ihr Leben anvertrauen, der sagt: „Ich weiß auch nicht so genau, was ich hier mache, ich kann es Ihnen nicht so genau erklären, und ich widerspreche mit meinem Vorgehen allen bekannten und plausiblen Erkenntnissen der Wissenschaft. Ich habe damit aber schon einigen anderen Patienten helfen können, kann dies aber nicht belegen."?

Ich möchte meine Patienten so nicht behandeln. Ich hoffe und wünsche, dass Sie das Ziel meines Buches erkennen können und dass sich darin neue Ideen für die tatsächlich stimmige Anwendung der Homöopathie als Methode finden lassen, die dem Menschen in seiner Komplexität gerecht wird – aber eben auch der schlichten Logik der Wissenschaft. Ich möchte meinen Patienten als Ärztin nur ein Konzept anbieten, das stimmig und richtig und überprüft ist. Ich hoffe, mit meinem Buch zu konkreter Forschung anregen zu können, die sowohl die Homöopathie als auch unsere wissenschaftliche Medizin bereichert. Immerhin besteht ja die Möglichkeit, dass wir noch nicht alles wissen. Dabei gilt es jedoch klar zwischen *Wissen* und Glauben oder einzelnen persönlichen Erfahrungen zu unterscheiden und die Konsequenzen aus diesem Wissen zu ziehen. Selbst wenn dies einen Abschied von der Homöopathie bedeutet.

Literatur

Berger C et al (2013) Mental Imagery Changes Multisensory Perception. Current Biology 23(14):1367–1372

Brein S et al (2010) Homoeopathy has clinical benefits in rheumatoid arthritis patients that are attributable to the consultation process but not the homoeopathic remedy: a randomized controlled clinical trial. Rheumatology (2011) 50 (6): 1070–1082. doi: 10.1093/rheumatology/keq234. Zugegriffen 26. Oktober 2014

Burrer E (2013) Die Kybernetik in der Medizin und Psychotherapie. z. B. www.sigma-akademie.de/artikel/kybernetisch-gepraegte-psychologische-medizin. S. 1–4

Hahnemann S (2005) Organon der Heilkunst. 6. Aufl. Marix, Wiesbaden (faksimilierte Erstausgabe von 1810 online unter http://www.deutschestextarchiv.de/book/view/hahnemann_organon_1810?p=1. Zugegriffen: 6. Oktober 2014)

Hahnemann S (2013) Die chronischen Krankheiten. 2. Aufl. Narayana, Kandern

Herrmann S (2013) Starrköpfe überzeugen. Rowohlt, Reinbek bei Hamburg

Kirschbaum C (2001) Das Stresshormon Cortisol – ein Bindeglied zwischen Psyche und Soma? In: Lorenz R (2004) Salutogenese – Grundwissen für Psychologen, Mediziner, Gesundheits- und Pflegewissenschaftler. Reinhardt, München

Metzinger T (2013) Spiritualität und intellektuelle Redlichkeit. Ein Versuch. Selbstverlag, Mainz. Online als PDF unter http://www.philosophie.uni-mainz.de/Dateien/Metzinger_SIR_2013.pdf. Zugegriffen: 25. Oktober 2014

Verwendete Webseiten

Marjorie-Wiki, Stichwort Interaktive Medizin. Zugegriffen: 6. Oktober 2014

Wikipedia, Stichwort Cortisol. Zugegriffen: 6. Oktober 2014

Wikipedia, Stichwort Emergenz. Zugegriffen: 6. Oktober 2014

Wikipedia, Stichwort Homöopathie, Abschnitt 7.2 Aktueller Stand der Kritik. Zugegriffen: 6. Oktober 2014

Wikipedia, Stichwort Homöopathie, Abschn. 2.8.1 Deutschland. Zugegriffen: 6. Oktober 2014

Wikipedia, Stichwort Humanistische Psychotherapie. Zugegriffen: 6. Oktober 2014

Wikipedia, Stichwort Kybernetik. Zugegriffen: 6. Oktober 2014

Wikipedia, Stichwort Placebo. Zugegriffen: 6. Oktober 2014

Wikipedia, Stichwort Psychosomatik (inklusive Literaturangaben). Zugegriffen: 6. Oktober 2014

Wikipedia, Stichwort Salutogenese. Zugegriffen: 6. Oktober 2014

Wikipedia, Stichwort, SF-36. Zugegriffen: 6. Oktober 2014

Wikipedia, Stichwort Systemtheorie. Zugegriffen: 6. Oktober 2014

Weiterführende Literatur

Aust N (2013) In Sachen Homöopathie – eine Beweisaufnahme. 1-2-Buch, Ebersdorf

Bartens W (2012) Heillose Zustände. Warum die Medizin die Menschen krank und das Land arm macht. Droemer, München

Blech J (2005) Heillose Medizin. Fragwürdige Therapien und wie Sie sich davor schützen können. Fischer, Frankfurt am Main

Henzen C (2004) Glukokortikoide in Stresssituationen. Schweiz Med Forum 4:1187–1191

Hopff W (1991) Homöopathie kritisch betrachtet. Thieme, Stuttgart

Kahneman D (2012) Schnelles Denken, langsames Denken. Siedler, München

Mitscherlich A (1974) Krankheit als Konflikt. Studien zur psychosomatischen Medizin. 8. Aufl. Edition Suhrkamp, Frankfurt am Main

Shang A et al (2005) Are the clinical effects of homoeopathy placebo effects? Comparative study of placebo-controlled trials of homoeopathy and allopathy. Lancet 366(Nr. 9487):726–732

Singh S u. Ernst E (2009) Gesund ohne Pillen. Was kann die Alternativmedizin? Hanser, München

Weymayr C, Heißmann N (2012) Die Homöopathie-Lüge. So gefährlich ist die Lehre von den weißen Kügelchen. Piper, München

Glossar

Viele Begriffe der Homöopathie müssen kritisch hinterfragt werden, um sie heute noch benutzen zu können. Den traditionellen Definitionen habe ich zeitgemäße neue Definitionen gegenübergestellt, um die Unterschiede deutlich zu machen, und verwende die Begriffe in diesem Buch entsprechend der hier aufgeführten neu gedachten Definition. Die neu in die Homöopathie eingegangenen Begriffe sind durch das Fehlen einer traditionellen Erklärung rasch auffindbar.

© Springer-Verlag GmbH Deutschland 2018
N. Grams, *Homöopathie neu gedacht,*
https://doi.org/10.1007/978-3-662-55549-1

Glossar 1

Begriff	Erklärung – traditionell	Erklärung – neu gedacht
Ähnlichkeit	„Ähnliches heilt Ähnliches" ist der Grundsatz der Homöopathie. Hahnemann ging bei der Auswahl seiner Arzneimittel so vor: Die Symptome, die der kranke Patient hat (Patienten-Bild), und die Symptome, die sich am gesunden Patienten durch gezielt ausgewählte Medikamente erzeugen lassen (Arzneimittelbild), müssen sich ähnlich sein. Ein solches ähnliches Arzneimittel ist in der Lage, die Selbstheilung des Menschen zu aktivieren und Gesundheit herzustellen (→Kunst-Krankheit, →Selbstheilung). Die Ähnlichkeit überträgt sich energetisch vom Arzneimittel auf den Patienten, wenn es zuvor potenziert wurde (→Potenzierung)	Der Grundsatz der Ähnlichkeit ist in der wissenschaftlichen Medizin nicht bekannt und sollte auch in der Homöopathie als Methode nicht länger beibehalten werden, weil er ohne übertragbare Energie seiner Grundlage entbehrt (→Energie). Das Prinzip Ähnlichkeit ist naturwissenschaftlich unhaltbar. Allenfalls scheint dem Patienten der Gedanke zu helfen, der Homöopath erkenne ein Bild in seiner besonderen Symptomatik und Empfindung und habe dafür ein passendes Medikament (das über einen →Placebo-Effekt wirksam werden kann).
Allöopathie	Antipode zur Homöopathie. Grundsatz: Gegensätzliches heilt Gegensätzliches.	Hahnemann sprach von Allöopathie, um seine Homöopathie von der gängigen Lehrmeinung abzugrenzen. Der Begriff wird heute kaum mehr verwendet; wir sprechen

Glossar 2

Begriff	Erklärung – traditionell	Erklärung – neu gedacht
		von wissenschaftlicher Medizin. Das oft benutzte Synonym „Schulmedizin" deutet darauf, dass diese Medizin an einer Hochschule gelehrt wird – was bei der Homöopathie nicht der Fall ist. Es wird jedoch im allgemeinen Sprachgebrauch abwertend verwendet und sollte nicht länger benutzt werden.
Anamnese	Erhebung der Krankengeschichte. Sie erfolgt in der Homöopathie auf unterschiedliche Art und Weise, aber immer sehr ausgiebig	Sie ist ein wichtiger Teil des therapeutischen Settings der Homöopathie
Arzneimittel, homöopathische	Homöopathische Arzneimittel zielen vorwiegend auf eine Befindensänderung ab. Sie werden nach dem Prinzip der Ähnlichkeit verordnet und meist als Globuli verabreicht. Die Globuli enthalten laut Hahnemann eine energetische Information, die auf die energetische Lebenskraft des Patienten einwirkt	Die homöopathischen Arzneimittel sind Träger einer allgemeinen und einer individuellen Autosuggestion („Das wird mir helfen"; „Das wird mir bei meinen Beschwerden helfen"). Sie sind substantiell wirkungslos, können aber wichtige Träger dieser Botschaft sein.

Glossar 3

Begriff	Erklärung – traditionell	Erklärung – neu gedacht
Arzneimittel-bild	Eine Zusammenstellung aller Symptome, die beim Gesunden durch Einnahme des Arzneimittels auftreten können. Im potenzierten Arzneimittel liegt es als energetische Information vor. Das Arzneimittelbild soll dem Patientenbild so ähnlich wie möglich sein.	Eine Zusammenstellung aller Symptome, die bei der Verabreichung eines homöopathischen Medikaments *vorstellbar* sind; beispielsweise können auch Ideen einfließen („fühlt sich frei wie ein Adler"). Ebenso unhaltbar wie die Arzneimittel-prüfung sind auch ihre Produkte, die Arzneimittelbilder.
Autosugges-tion	–	(Selbst-)Beeinflussung des Fühlens, Denkens und Handelns. Allerdings nicht, wie von Hahnemann gedacht, durch eine vermeintliche Energie in den Globuli, sondern durch eine Information im Sinne von „Das wird mir zur Gesundheit verhelfen" und „Das erinnert mich an meinen persönlichen Lösungsweg und dessen Zielführung" im Moment der Globuli-Einnahme. Löst einen Placebo-Effekt aus.
Dynamis	Synonym für Lebenskraft	Steht für die Vorstellung einer ideellen Lebenskraft im Sinne von Vitalität.

Glossar 4

Begriff	Erklärung – traditionell	Erklärung – neu gedacht
Dynamisierung	Bei der Potenzierung wird die ursprünglich materielle Arznei-Substanz durch kräftiges Schütteln dynamisiert. Dadurch wird sie energetisch und als homöopathisches Arzneimittel wirksam.	Der Herstellungsprozess der Globuli spielt in dieser Hinsicht keine Rolle mehr (vgl. →Potenzierung).
Ebenen einer Krankheit	–	Das Drei-Ebenen-Modell einer Krankheit stammt von Dr. Rajan →Sankaran. Jede Krankheit hat eine →körperliche, eine →emotionale und eine →geistige Ebene. Verschiedene Therapieansätze zur Behandlung eines Patienten auf verschiedenen Ebenen widersprechen einander meist nicht. Eine umfassende Behandlung auf allen Ebenen ist anzustreben, um dem Patienten bestmöglich zu helfen
Emergenz	–	Bedeutet kurz gesagt: Das Ganze ist mehr als die Summe seiner Einzelteile, und bestimmte Eigenschaften eines Ganzen erklären sich nicht aus seinen Teilen. Es sollte

Glossar 5

Begriff	Erklärung – traditionell	Erklärung – neu gedacht
		durch die Emergenz möglich sein, nachzuweisen, dass geistige Veränderungen (z. B. im Rahmen der homöopathischen Therapie) eine Auswirkung auf basale Körperprozesse haben können (z. B. Senkung des Blutdrucks, Senkung des Adrenalinspiegels), auch wenn sich das große Ganze der Homöopathie als Methode nicht nachweisen ließe.
Emotionale Ebene	–	Auf der emotionalen Ebene wirken besonders das empathische Setting des homöopathischen Gesprächs und die innige Arzt-Patient-Beziehung. Die emotionale Ebene einer Krankheit drückt sich durch individuelle Gefühle und Gemütszustände aus, die in das Patienten-Bild miteinfließen.
Empfindung	–	Der unvoreingenommenen Wahrnehmung der Außenwelt und auch der Selbstwahrnehmung kann eine individuelle Empfindung vorgeschaltet sein. Die Empfindung, die sich wie ein roter Faden in allen Wahrnehmungen des Patienten und auf allen

Glossar 6

Begriff	Erklärung – traditionell	Erklärung – neu gedacht
		Ebenen wiederfinden lässt, wird als →Kern-Empfindung bezeichnet und spielt speziell in der →Empfindungsmethode in der Homöopathie eine Rolle.
Empfindungs-methode		Dr. Rajan →Sankarans Weiterentwicklung der Homöopathie. Es geht darum, ausgehend vom führenden Symptom eine individuelle →Kern-Empfindung herauszuarbeiten. Ich nutzte die Empfindungsmethode als einen Zugang zunächst zu den emotionalen und dann zu den geistigen Beschwerden eines Patienten. Sie dient dem zielgerichteten Aufspüren genau der Empfindung, die den Patienten am meisten beeinträchtigt
Energie	Als Energie oder energetische Information liegt nach der →Potenzierung der homöopathische Wirkstoff vor. Je höher die Potenzierung, umso energetischer ist die Ursprungssubstanz. Über diese Energie wird die ebenfalls energetische Lebenskraft beeinflusst.	Der Begriff Energie ist durch die Physik belegt und im Zusammenhang mit der Homöopathie weder sinnvoll noch nötig. Ich verwerfe Hahnemanns Vorstellung von Energie. Es ist naturwissenschaftlich nicht erklärbar, wie bei der →Potenzierung durch Verdünnen und rhythmisches Schütteln aus Materie eine Energie entstehen soll.

Glossar 7

Begriff	Erklärung – traditionell	Erklärung – neu gedacht
		Der Begriff kann und braucht in der Homöopathie nicht weiter verwendet zu werden, zumal sich kein körperliches Äquivalent dieser Vorstellung finden lässt.
Feinstofflich	Bezieht sich in erster Linie auf den Wirkstoff in den homöopathischen Medikamenten, der nicht materiell-pharmakologisch, sondern feiner als Energie bzw. Information enthalten ist	Müsste korrekterweise „keinstofflich" heißen, da sich in der Tat kein Wirkstoff in den homöopathischen Arzneimitteln befindet
Ganzheitlich	Hahnemann selbst verwendet den Begriff „ganzheitlich" zwar nicht, aber aus seinen Worten wird klar, dass sein Ziel darin besteht, den Menschen als komplexes Ganzes in den Mittelpunkt seiner Medizin zu stellen.	Den Begriff Ganzheit führte ursprünglich vor allem Felix Krueger zunächst in die Psychologie ein. Gesundheit ist nach der WHO-Definition „ein Zustand des vollständigen körperlichen, geistigen und sozialen Wohlergehens und nicht nur das Fehlen von Krankheit oder Gebrechen". Diese Definition deckt sich mit dem homöopathischen Anspruch, für Körperliches, Emotionales und Geistiges zuständig zu sein. Die umfassende Denk- und Herangehensweise der Homöopathie ist auch heute noch sinnvoll und vorwärtsweisend.

Glossar 8

Begriff	Erklärung – traditionell	Erklärung – neu gedacht
Geist(artig)	Nicht näher definierte →Energie, die im Gegensatz zur Materie steht	Die kreative Instanz des menschlichen Bewusstseins. Mit dem Beschreibungsbegriff „geistartig", den Hahnemann verwendet, kann man heutzutage nichts mehr verbinden; es gibt diesen Begriff nicht mehr. „Geistig" bedeutet, den menschlichen Geist betreffend bzw. beeinflussend und der Naturwissenschaft nicht widersprechend. Vorstellungen können den Geist beeinflussen. Einer geistigen Wahrnehmung kann eine Empfindung vorgeschaltet sein
Geistige Ebene	–	Ebene einer Krankheit, auf der die Homöopathie über Informationen und Vorstellungen zu wirken scheint. Die geistige Ebene hat nichts mit Geistern oder Geisteskrankheiten im klassischen medizinischen Sinne zu tun

Glossar 9

Begriff	Erklärung – traditionell	Erklärung – neu gedacht
Geistige Energie	Hahnemann bezeichnete damit zum einen die →geistartige dynamische Lebenskraft, die den Körper gesund erhält und die bei Krankheit gestört ist, zum anderen aber auch die Information in den homöopathischen Medikamenten, die bei der →Potenzierung entstanden ist und direkt auf die →Lebenskraft einwirkt.	Eine geistige Energie ist allenfalls als eine historische Vorstellung vertretbar, in einer Zeit, als man sich viele Zusammenhänge noch nicht anders erklären konnte. Keinesfalls ist ist sie als reale oder gar physikalische Größe wirksam, wenn die Homöopathie angewendet wird. Eine solche Vorstellung braucht es heute nicht mehr in der Homöopathie
Gesundheits-Koordinator	–	Denkbar wäre, dass der gut ausgebildete Homöopath als Gesundheits-Koordinator die Heilung auf den drei Ebenen einer Krankheit beratend und vielleicht auch steuernd mitgestaltet. Er bezöge dabei auch andere Verfahren als die Homöopathie mit ein
Globuli	Globuli sind die Rohr- oder Milchzuckerkügelchen, als die die homöopathischen Medikamente am häufigsten dargereicht werden. Andere Darreichungsformen sind Tabletten, Injektionslösungen, alkoholische Tropfen oder Pulver. Laut	Die Globuli sind Träger einer →Autosuggestion. Sie sind zwar substantiell wirkungslos, aber als Informationsträger („Ich will den Weg meiner Gesundwerdung bis zum Ziel

Glossar 10

Begriff	Erklärung – traditionell	Erklärung – neu gedacht
	Hahnemann enthalten sie die Heilenergie der Ursprungssubstanz in potenzierter Form und übertragen diese →Energie auf den kranken Menschen.	gehen, und diese Globuli helfen mir dabei") weiterhin einsetzbar. Sie wirken allenfalls über einen →Placebo-Effekt. Ob dieser Effekt noch eintritt, wenn die Patienten darum wissen, ist fraglich
Hahnemann	1755–1843, deutscher Arzt und Begründer der der Homöopathie. In seinem Grundlagenwerk, dem *Organon der Heilkunst,* beschreibt er die Grundzüge seiner Methode	Als medizinischer Neudenker auch heute noch interessant – jedoch in vielen Punkten nicht wörtlich zu nehmen
Heilung	Hahnemann beschreibt als das höchste Ideal der Heilung „die schnelle, sanfte und dauerhafte Wiederherstellung der Gesundheit auf dem kürzesten, zuverlässigsten, unnachteiligsten Wege und nach deutlich einzusehenden Gründen"	Der Definition Hahnemanns können wir auch heute noch zustimmen. Allerdings müssen wir die deutlich einzusehenden Gründe liefern
Hochpotenz	Potenzen ab C30	Substantiell wirkungslos
Homöopathie	Von Hahnemann begründete Heilmethode. Grundlage ist das Prinzip „Ähnliches heilt Ähnliches". Im Gegensatz dazu steht die →Allöopathie.	Eine (im besten Fall) auch heute noch nützliche Methode, um, ausgehend vom körperlichen →Symptom, auf der tieferliegenden →emotionalen und vor allem →geistigen

Glossar 11

Begriff	Erklärung – traditionell	Erklärung – neu gedacht
		Ebene ein komplexes Bild des Menschen und seiner Krankheit zu erstellen. Begriffe wie →Energie, →Lebenskraft und →geistartig werden dabei nur noch wie in den hier aufgeführten Definitionen weiterhin verwendet. Nicht länger als Arzneitherapie zu verstehen, weil die Grundsätze der →Ähnlichkeit obsolet sind
Humanwissenschaften	–	Hierzu zählen Wissenschaften, die sich mit dem Menschen als Forschungsgegenstand beschäftigen. Ein interdisziplinäres Zusammenwirken von Geistes-, Sozial- und Naturwissenschaften und ihren verschiedenen Methodiken ist ausdrücklich erwünscht
Information	Eine →geistartige →Energie, die laut Hahnemann beim →Potenzieren der Ursprungssubstanz entstanden ist. Sie entspricht der Essenz des →Arzneimittelbildes und erzeugt im Körper eine →Kunst-Krankheit, die die richtige Krankheit besiegen soll	Die homöopathische Information lässt sich auch als eine ganz konkrete Bedeutung auffassen, die den Patienten via →Globuli an das im homöopathischen Gespräch Herausgearbeitete erinnert (siehe auch →Autosuggestion)

Glossar 12

Begriff	Erklärung – traditionell	Erklärung – neu gedacht
Kern-Empfindung	–	Die Empfindung, die sich wie ein roter Faden in allen Wahrnehmungen des Patienten und auf allen Ebenen wiederfinden lässt. Sie ist so etwas wie der springende Punkt und lässt sich in der homöopathischen →Anamnese, speziell mit der →Empfindungsmethode, herausarbeiten.
Körperliche Ebene	–	Ausgehend von den →Symptomen auf der körperlichen Ebene arbeitet der Homöopath die tieferliegende Problematik heraus. Reduziert sich dadurch der Stress des Patienten, können sich rückwirkend auch körperliche Symptome verbessern. Körperliche Symptome sollten immer auch konventionell-medizinisch betrachtet und gegebenenfalls behandelt werden.
Kunst-Krankheit	Das homöopathische ähnliche →Arzneimittel erzeugt eine Art Krankheit im Körper, die der richtigen Krankheit ähnelt. Nach Hahnemann lässt die Kunst-Krankheit den Körper erkennen, was bei	Spielt heute keine Rolle mehr, da die Homöopathie nicht länger als Arzneitherapie gelten kann.

Glossar 13

Begriff	Erklärung – traditionell	Erklärung – neu gedacht
	der richtigen Krankheit zu tun ist. Auf diese Weise regt sie sie zur →Selbstheilung an.	
Krankheit	In Hahnemanns Sinn ist Krankheit die Verstimmung der →Lebenskraft. Sie drückt sich in Symptomen aus. Durch eine →Kunst-Krankheit, erzeugt durch das →ähnliche →Arzneimittel, kann sie geheilt werden	Krankheit können wir uns heute anders erklären als zu Hahnemanns Zeit. Eine Verstimmung der →Lebenskraft brauchen wir uns dazu nicht mehr vorzustellen. Krankheit kann uni- oder multikausal entstehen
Lebenskraft	Laut Hahnemann ein →geistartiges Prinzip im Menschen, das bei Gesundheit ungestört, bei Krankheit gestört sein kann. Die Lebenskraft lässt sich durch das →geistartige →Arzneimittel beeinflussen	Auf der →geistigen Ebene eine durchaus moderne *Vorstellung* von →Gesundheit bzw. Vitalität. Sie ist ihrerseits durch geistige Vorstellungen beeinflussbar. Die Träger dieser Vorstellung sind die →Globuli. Als Tatsache aber obsolet
Materia medica	Nachschlagewerk, Sammlung von →Arzneimittelbildern. Aufgeteilt in körperliche, emotionale und geistige →Symptome.	Wird heute nicht mehr benötigt
Patienten-Bild	Hahnemann äußert sich in seinem *Organon* mehrfach und ausführlich über die genaue Erfassung aller Aspekte eines	Siehe →Arzneimittelbild. Bei der →Empfindungsmethode ist vor allem die →Kern-Empfindung Teil des Patienten-Bildes.

Glossar 14

Begriff	Erklärung – traditionell	Erklärung – neu gedacht
	Patienten-Bildes. Es soll möglichst umfassend und vollständig alle Besonderheiten den Patienten betreffend vermerken und wird einem →Arzneimittelbild gegenübergestellt (nach dem Prinzip „Ähnliches heilt Ähnliches").	
Placebo-Effekt	–	Deutsch: „Ich werde gefallen / dir helfen." Nicht pharmakologisch begründete Wirkung, die ein Medikament oder eine Information auf der →emotionalen und →geistigen Ebene auf den Patienten hat. In der Homöopathie vermutlich auch als Super-Placebo-Effekt („Ich werde dir bei deinen ganz eigenheitlichen Symptomen helfen"). Hat im besten Fall Rückwirkungen auf die körperliche Ebene und kanndefinitionsgemäß tatsächlich zu physiologischen Veränderungen führen. Ob der Placebo-Effekt noch auftritt, wenn die Patienten wissen, dass nichts anderes bei der Homöopathie wirkt, ist fraglich. Ebenso fraglich ist, ob er im Rahmen der Medizin bewusst als Therapie eingesetzt werden darf.

Glossar 15

Begriff	Erklärung – traditionell	Erklärung – neu gedacht
Potenz	Damit wird die Stufe der →Potenzierung eines homöopathischen Arzneimittels angegeben. Eine D-Potenz betrifft das Verdünnungsverhältnis 1:10, eine C-Potenz das Verhältnis 1:100. Es gibt auch LM- oder Q-Potenzen mit einer Grundverdünnung von 1:50.000. Die Zahl hinter der Potenz gibt den Verdünnungsschritt an. Eine D6 wurde 6 Mal im Verhältnis 1:10 verdünnt. Damit beträgt die Verdünnung 1:1 Mio. In der Homöopathie sind höhere Potenzen energetischer und damit potenter. Von Hochpotenzen spricht man ab einer Potenz C30.	Spätestens ab einer Potenz D6 ist kein physiologisch relevanter Wirkstoff mehr enthalten. →Hochpotenzen sind garantiert wirkstofffrei. Eine wirksame →Energie ist in keiner Potenz enthalten
Potenzierung	Damit ist laut Hahnemann der Prozess der homöopathischen Arzneimittelherstellung gemeint. Dieser besteht in einer schrittweisen Verdünnung der Ausgangssubstanz und genau vorgeschriebenem rhythmischem Verschütteln oder Klopfen	Dass Materie durch das Potenzieren in eine energetische →Information überginge, ist physikalisch und chemisch nicht haltbar und muss verworfen werden. Der Prozess der homöopathischen Arzneimittelherstellung wird damit hinfällig

Glossar 16

Begriff	Erklärung – traditionell	Erklärung – neu gedacht
	auf eine weiche Unterlage. Laut Hahnemann verliert der Stoff dadurch sein materielles Dasein und geht in einen energetischen Zustand über. In diesem energetischen Zustand ist nur noch eine →Information der Ursprungssubstanz gespeichert, die auf die ebenfalls energetische →Lebenskraft wirkt und den Körper so zur →Selbstheilung anregt.	
Repertorium	Nachschlagewerk mit Listen der →Symptome, die ein Arzneimittel beim Gesunden auslöst.	–
Sankaran, Dr. Rajan	–	Indischer Homöopath (*1960), der aus der klassischen Homöopathie die →Empfindungsmethode entwickelte.
Selbstheilung	Wird von Hahnemann nicht direkt genannt. Gemeint ist aber, dass der Körper, nachdem er durch das ähnliche Arzneimittel mit der →Kunst-Krankheit konfrontiert wurde, sich selbst zur →Heilung befähigt.	Hahnemann beschreibt und erklärt nicht, auf welche Weise oder warum eine Selbstheilung erfolgen sollte. Sie ist aus heutiger Sicht allenfalls als Hilfe zur Selbsthilfe durch die homöopathische Methode zu verstehen.

Glossar 17

Begriff	Erklärung – traditionell	Erklärung – neu gedacht
Setting, homöopa-thisches	–	Das homöopathische Gespräch bietet mit Zeit, Empathie und Verständnis für unge-wöhnliche und sehr persönliche Nöte einen Rahmen.
Spiritualität	–	Wird gerne mit Esoterik verwechselt und bedarf deshalb der besonders genauen Definition. Bedeutet hier: Lehre, die den menschlichen →Geist betrifft und gegebe-nenfalls verändert.
Symptom	Laut Hahnemann nichts als ein nach außen sichtbares Zeichen einer inneren Störung der →Lebenskraft. An sich also nur ein Hinweis auf die eigentliche Pro-blematik.	Auch heute kann ein Symptom eventuell als ein Hinweis auf eine tieferliegende Störung gesehen werden, auch im Sinne des Ebenen-Modells einer Krankheit.

Index

© Springer-Verlag GmbH Deutschland 2018
N. Grams, *Homöopathie neu gedacht*,
https://doi.org/10.1007/978-3-662-55549-1

Willkommen zu den Springer Alerts

- Unser Neuerscheinungs-Service für Sie:
  aktuell *** kostenlos *** passgenau *** flexibel

Springer veröffentlicht mehr als 5.500 wissenschaftliche Bücher jährlich in gedruckter Form. Mehr als 2.200 englischsprachige Zeitschriften und mehr als 120.000 eBooks und Referenzwerke sind auf unserer Online Plattform SpringerLink verfügbar. Seit seiner Gründung 1842 arbeitet Springer weltweit mit den hervorragendsten und anerkanntesten Wissenschaftlern zusammen, eine Partnerschaft, die auf Offenheit und gegenseitigem Vertrauen beruht.

Die SpringerAlerts sind der beste Weg, um über Neuentwicklungen im eigenen Fachgebiet auf dem Laufenden zu sein. Sie sind der/die Erste, der/die über neu erschienene Bücher informiert ist oder das Inhaltsverzeichnis des neuesten Zeitschriftenheftes erhält. Unser Service ist kostenlos, schnell und vor allem flexibel. Passen Sie die SpringerAlerts genau an Ihre Interessen und Ihren Bedarf an, um nur diejenigen Information zu erhalten, die Sie wirklich benötigen.

Mehr Infos unter: springer.com/alert

ISBN 978-3-662-55548-4
ISBN 978-3-662-55549-1

Ihr Bonus als Käufer dieses Buches

Als Käufer dieses Buches können Sie kostenlos das eBook zum Buch nutzen.

Sie können es dauerhaft in Ihrem persönlichen, digitalen Bücherregal auf **springer.com** speichern oder auf Ihren PC/Tablet/eReader downloaden.

Gehen Sie bitte wie folgt vor:

1. Gehen Sie zu **springer.com/shop** und suchen Sie das vorliegende Buch (am schnellsten über die Eingabe der eISBN).
2. Legen Sie es in den Warenkorb und klicken Sie dann auf: **zum Einkaufswagen/zur Kasse.**
3. Geben Sie den untenstehenden Coupon ein. In der Bestellübersicht wird damit das eBook mit 0 Euro ausgewiesen, ist also kostenlos für Sie.
4. Gehen Sie weiter **zur Kasse** und schließen den Vorgang ab.
5. Sie können das eBook nun downloaden und auf einem Gerät Ihrer Wahl lesen. Das eBook bleibt dauerhaft in Ihrem digitalen Bücherregal gespeichert.

EBOOK INSIDE

eISBN	978-3-662-55549-1
Ihr persönlicher Coupon	fT5WK6qkka4zByK

Sollte der Coupon fehlen oder nicht funktionieren, senden Sie uns bitte eine E-Mail mit dem Betreff: **eBook inside** an **customerservice@ springer.com.**